マンガ 統計学入門

学びたい人のための最短コース

アイリーン・マグネロ　文
ボリン・V・ルーン　絵

神永正博　監訳
井口耕二　　訳

ブルーバックス

カバー装幀／芦澤泰偉・児崎雅淑
目次デザイン／中山康子

監訳者まえがき

統計学が一体どんなものか知りたいと思ったとき、書店で目にする入門書の多くは、初歩的な事柄を、範囲を絞って丁寧に説明している本でしょう。それは一見、理に適っているように思えますが、入門だけで勉強を終える人にとっては、そこに書かれた狭い範囲の事柄だけが統計の世界のすべてになってしまいます。これでは、統計学の本当の面白さを知ることができません。

統計学を学ぶ際に重要なのは、狭い範囲を深く知るよりも、広範囲をざっくり知ることです。本書は、大学初年次で履修する標準的な内容をほぼすべて網羅しています。これがマンガなのですから驚きです。

統計学は方法の集積、言い換えればデータを読み解くツールの積み重ねです。そのため、ともすれば学生は試験に出ることだけをひたすら覚え、社会人は必要な手法だけを習得する、ということになりがちで、全体を見渡すことができません。

しかし本書は、統計学がどのように生まれ、発展してきたかという歴史をたどりながら、さまざまな統計手法がなぜ必要になったのか、実際どう役に立つのかが無理なく理解できるように書かれています。統計を勉強している学生や、仕事の中で統計を利用する社会人にとって、本書は最適の入門書といえるでしょう。数字やデータが溢れる現代社会を生きるうえで、有益なヒントがたっぷりつまっています。

2010年3月　神永正博

もくじ

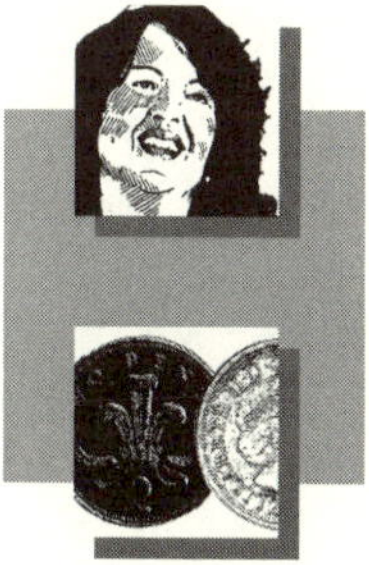

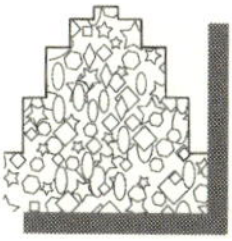

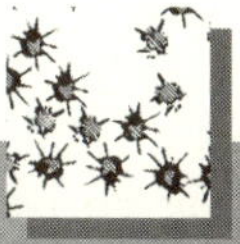

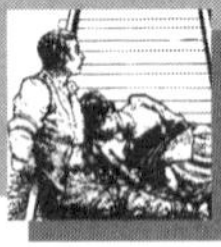

数字の海におぼれる

我々は、統計の海でおぼれかけています。たくさんの数字が使われている、というだけのことではありません。メディアは統計を「励み」になるとすることもありますが、「けしからん」「ぞっとする」「ひどい」「問題だ」とするのが普通です。犯罪、病気、貧困、交通機関の遅れなどの統計情報はグラフ上の点を示すものではなく、問題の根源である、そこに実体があるといわんばかりの報道がおこなわれています。

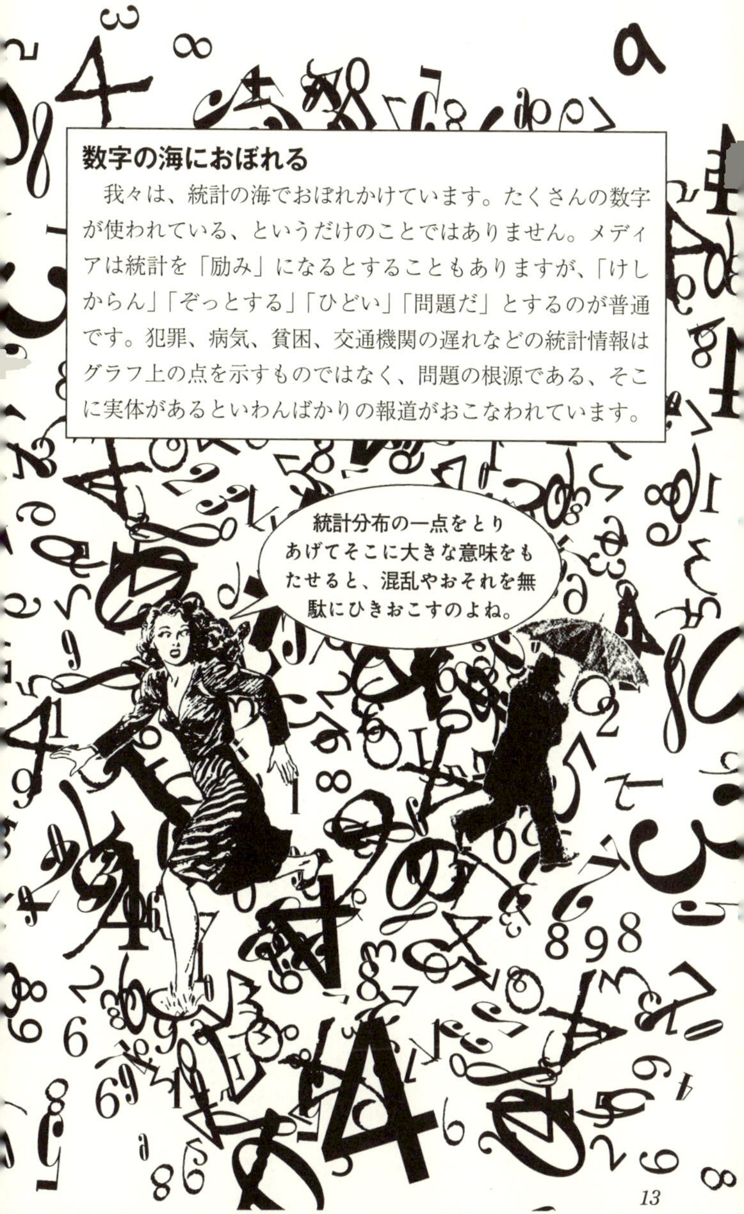
統計分布の一点をとりあげてそこに大きな意味をもたせると、混乱やおそれを無駄にひきおこすのよね。

平均かバラツキか

マスメディアでは、よく、統計的**平均**がセンセーショナルな形で使われます。誤解をまねくことが多いというのに圧倒的によく使われるのは平均で、なぜか、**バラツキ**という大事な統計的概念がわすれられているのです。バラツキという考え方は最近の数理統計学で不可欠なものとなっており、生物統計学、医療統計学、教育統計学、工業統計学できわめて重要な役割をはたしています。

なぜバラツキが重要なのでしょうか。

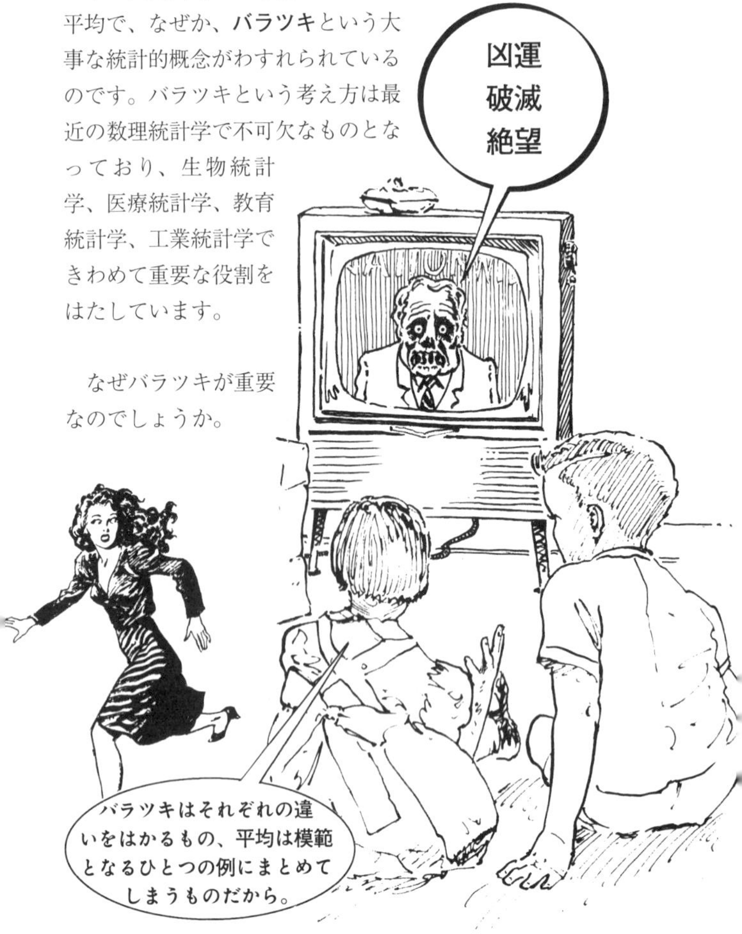

凶運
破滅
絶望
バラツキはそれぞれの違いをはかるもの、平均は模範となるひとつの例にまとめてしまうものだから。

さまざまな文化が交差する英国では、どこでもバラツキを目にすることができます。特にロンドンには300をこえる文化が存在し、使われている言葉もアチョリ語からズールー語まで300種類以上、宗教も13種類をかぞえます。多文化主義とは、多くの人をひとまとめに考えず（数多くの民族の集合をひとりの人に代表させるようなことをせず）、一人ひとりに価値を認めることだという人もいます。

1950年ごろまでなら「平均的な」英国人というものが考えられたかもしれないけど、今の英国はあまりに多様になっており、そのような考え方に意味はないわ。

このように人々が多様であるということが、現在の数理統計学で中核となっている統計的バラツキそのものなのです。

なぜ統計学を学ぶべきなのか

統計学は、科学、経済学、行政、各種産業などの分野で幅広く使われています。多くの判断が統計を元におこなわれ、我々の生活にさまざまな影響をあたえています――薬や治療方法から、従業員が受ける適性検査や心理検査、車、衣服（メーカーは統計的試験によって快適なウールをつくっています）、そして、食品やビールなどまで。

統計学の基本を知っていれば、命が助かったり長く生きられたりすることもあります――本書で紹介するスティーヴン・ジェイ・グールドのように。

統計学とはどういうものか

統計学はさまざまな場面で使われていますが、それによって何が得られるのかはあまり知られていません。「統計学なんてタバコのためにあるようなものさ」と表現した人もいます。まずい事態に陥りそうになったとき、英語では、「統計データになりたくない」などといったりします。統計学者というのは、数個の数字で人のすべてをあらわせるなどと本当に考えているのでしょうか。

統計から得た結果はかならず正しいと考える人もいますが、統計なんてごまかしにすぎないという人もいます。

人を惑わせるのに統計がよく使われると言いたいとき、「うそには3種類ある。うそと大うそと統計だ」という私の言葉がよく引き合いにだされる。
ディズレーリ
ただのうそ
大うそ
コートニー
マーク・トウェイン
1835-1910

この言葉は、ベンジャミン・ディズレーリ元英国首相がはじめて使ったと1904年にマーク・トウェインが述べていますが、本当は、レオナルド・ヘンリー・コートニーが1895年、米国ニューヨーク州サラトガ・スプリングズでおこなった、米国44州の比例代表制に関する演説が最初でした。

経済問題においても統計学が悪者にされることがあります。2004年2月、雇用が増加するという予測をブッシュ政権が転換したとき、その理由を、米ホワイトハウスのスコット・マクレラン報道官は次のように説明しました。

THE WHITE
WASHING
大統領は統計の専門家ではありませんからね。
統計の専門家なら失業問題を解決できたとでもいうつもりかねぇ。

英国では、「政治的な操作や搾取を避けるため、公開前に統計情報を大臣へ見せてはならない」との諮問を統計委員会が出しました。いずれにせよ、統計情報を公開すると、それが世論を形作り、政策に影響をあたえ、そして、医療や科学の進歩や発見について正しい情報やまちがった情報を伝えることになります。

統計学という言葉の意味

「統計学」を英語で“statistics”といいますが、その語源は「状態」を意味するラテン語です。この言葉が16世紀のイタリアにはいり、国の問題にかかわる人、政治家を意味する“statista”となりました。その後、1750年ごろにドイツで“Statistik”という言葉が使われるようになり、1785年にはフランスで“statistique”、1807年にはオランダで“statistiek”が使われるようになります。

統計学は、まず、国の問題を数字であらわす方法として発達したんだ。政治世界における算術という感じだね。

政治算術という言葉がはじめて使われたのは17世紀の英国。使ったのはロンドンの商人、**ジョン・グラント**（1620–1674）とアイルランドの自然科学者、**ウィリアム・ペティ**（1623–1687）でした。

グラント

ペティ

18世紀、政治家の多くは、国そのものに関する法律である公法を専門とする法律家でした。

そのころ、スコットランドの地主で初代農業局長となったジョン・シンクレア卿（1754–1834）が「統計学」という単語を英語に導入します。シンクレア卿は、政治ではなく社会に統計学を適用し、1798年に『スコットランドの統計的記述』を出版しました。

QUANTUM OF HAPPINESS
スコットランド人の「幸福量」を計測したかったのだ。
はぁ!?

これをきっかけとして、19世紀なかばに人口動態統計が大きく発展します。

人口動態統計vs.数理統計学

統計学は、人口動態統計と数理統計学に分けることができます。

統計学の一般的なイメージは**人口動態統計**です。これはデータの集計を意味しています。

国勢調査のほか、結婚統計、離婚統計、犯罪統計といった公的統計の集計で使用される記述方法や整理方法です。
保険統計もありますし、野球統計やクリケット統計などもあります。

人口動態統計は平均値を重視し、生命表、百分率、寄与率、比率などをとりあつかいます。生命保険に必要な保険数理では一般に確率が使われます。個別の事実に着目する「統計値」という概念が登場したのは、20世紀になってからでした。

数理統計学は、確率に関する数学的理論として18世紀末に登場しました。基礎をつくったのは、ヤコブ・ベルヌーイ、アブラーム・ド・モアブル、ピエール＝シモン・ラプラス、カール・フリードリヒ・ガウスら欧州の数学者です。

19世紀末には**フランシス・イシドロ・エッジワース**（1845-1926）、**ジョン・ヴェン**（1834-1923）、**フランシス・ゴルトン**（1822-1911）、**W.F.R.ウェルドン**（1860-1906）、**カール・ピアソン**（1857-1936）らにより、学問としての数理統計学が確立されました。

我々３人は
チャールズ・ダーウィン
の考えを生物学的バラツキの
計測に応用したのだが、その
ためには新しい統計手法
が必要だった。
ウェルドン
ピアソン
ゴルトン

数理統計学はバラツキを科学的に分析する学問で、多くの場合、行列代数とよばれる計算をともないます。対象は社会調査、科学実験、臨床試験などにおけるデータの収集、分類、記述、解釈です。確率は有意性の検定で利用します。

数理統計学は分析手法であり、母集団について統計的な予測や推計をおこなう場合に使います。
あとでくわしく説明しますが、範囲や標準偏差などを使って統計的なバラツキ具合を調べ、対象となるデータ、一つひとつの違いも考慮します。
人口動態統計は平均が中心ですが、数理統計学はバラツキを考慮します。

このように統計学とはひとつの専門領域であり、数学的な処理自体の背景にある統計学的なものの考え方をきちんと理解する必要があります。

統計学の考え方

平均に注目する、あるいは、バラツキを評価するという方向の根底には、19世紀の統計学者や科学者が基本としていた考え方があります。統計的平均重視の基礎となったのは、生物種は典型的なもので代表できるという**類型学**的考え方と**決定論**で、これが、平均を理想とする意識につながって今にいたっています。

決定論では、天地万物に秩序と理想があると考えます……

つまり、バラツキとは欠陥であり、撲滅すべきやり損ないってこと。神さまがつくられたこの世界の構想や目的を損なうものなのさ。

このように、生物学の分野では19世紀末ごろまで類型学的な考え方が主流となっており、そこから生物種に関する形態学が生まれました。種とは、理想型を具現したものだと考えたのです。

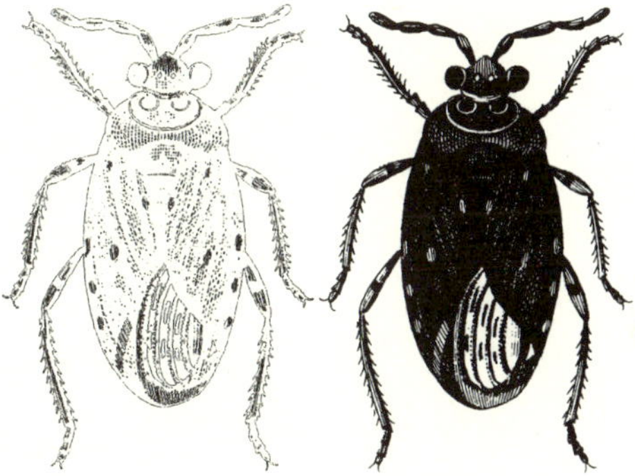

生物種の形態・構造にある程度の共通点があることから、理想型が存在するはずだと考えられました（この共通点がのちに類型学における種の分類基準となります)。理想型から少しでもずれれば新しい種となるため、種がどんどん増えてゆくことになります。

なお形態学では、新しい種は突然変異による**跳躍進化**で生まれる、つまり一世代でポンと登場すると考えます。これに対してダーウィンの進化論は「ゆるやかな」変化を基礎としており、まったく相いれない考え方だといえます。

ダーウィンと統計的母集団

19世紀なかばになると考え方が根本的に変化し、統計的なバラツキを測定しようという動きがはじまります。**チャールズ・ダーウィン**（1809–1882）が植物や動物におきる微妙な変化の研究をはじめたのがこのころです。

ダーウィン
わしは1859年、個体間の微妙な変異の累積が進化の原因だと提唱し、生物学に連続変異という考え方を導入したんじゃ。

変異、自然淘汰、遺伝、先祖返りなどダーウィンが提唱した考え方は、いずれも統計的に検討する必要がありました。

ダーウィンは、種類や要素一つひとつではなく、統計的母集団に着目すればバラツキが測定可能であり、そこに意味をみいだせることを示すとともに、自然淘汰を説明するさまざまな相関関係も指摘しました。進化生物学者の**シーウォル・ライト**（1889–1988）も、1931年にこう述べています。

ライト
進化を統計的変化としてとらえた最初の人物、それがダーウィンなのです。

ヴィクトリア朝時代の価値観

人口動態統計と数理統計学の研究はヨーロッパ大陸でもおこなわれました。しかし、19世紀なかばに人口動態統計の急発展をもたらし、19世紀末から20世紀初頭にかけて数理統計学の急成長をもたらしたのは、ヴィクトリア朝時代*の統計学者でした。

人口動態統計学者
エドウィン・チャドウィック
ウィリアム・ファー
フローレンス・ナイチンゲール
トマス・ロウ・エドモンズ
数理統計学者
フランシス・イシドロ・エッジワース
フランシス・ゴルトン
W.F.R.ウェルドン
ジョージ・ユードニー・ユール
ウィリアム・シーリー・ゴセット
カール・ピアソン

人口動態統計と数理統計学が発展した背景には、計測に価値をみいだすヴィクトリア朝時代の文化がありました。この時代は、信頼性の高い情報が得られる綿密で正確な計測が重視されました。産業経済が急速に発展した時代で、結果が再現可能だと検証することが国際市場で求められていたのです。

*ヴィクトリア女王が英国を統治していた1837～1901年の期間。

エンジニアや物理学者は、実験室で長い時間をかけ、機械や装置などの電気的、機械的、物理的な定数を記録、測定していました。生物学者や地質学者は現地調査でできるかぎりの情報を集めて地質図をつくったり、緯度や経度をはかったり、新種の植物や動物の分類をおこなったりしていました。

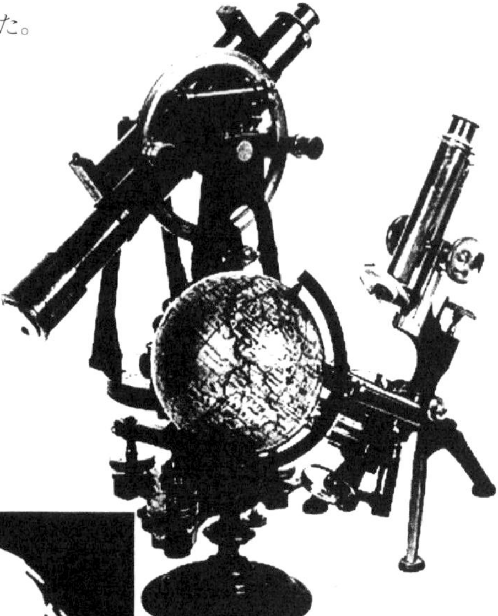

統計は、公衆衛生学のほか、伝染病、遺伝、医薬などとの関係で定量的に人の測定をおこなう手段を提供したのだ。
ジョン・スノー博士

はじめの一歩

国勢調査として人口をカウントすることは、古代のバビロニアでもエジプトでも中国でもおこなわれており、統計学の使い方として人類最古の方法だといえます。当時は、徴兵対象者数の確認と租税の調整が主な目的でした。紀元前の1000年間では、ローマとギリシャで国勢調査がおこなわれました。英語で国勢調査を意味する「census」という単語は、ローマ時代に人口のカウントを担当した監察官、「Censor（ケンソル）」が語源です。当時の国勢調査では、ローマ市民とその財産の登録がおこなわれました。

国全体をカバーする形の国勢調査は、17世紀なかばに北欧諸国で導入されました。米国が国勢調査をはじめたのは1790年。比例代表で独立13州から議員を選出することが目的でした。

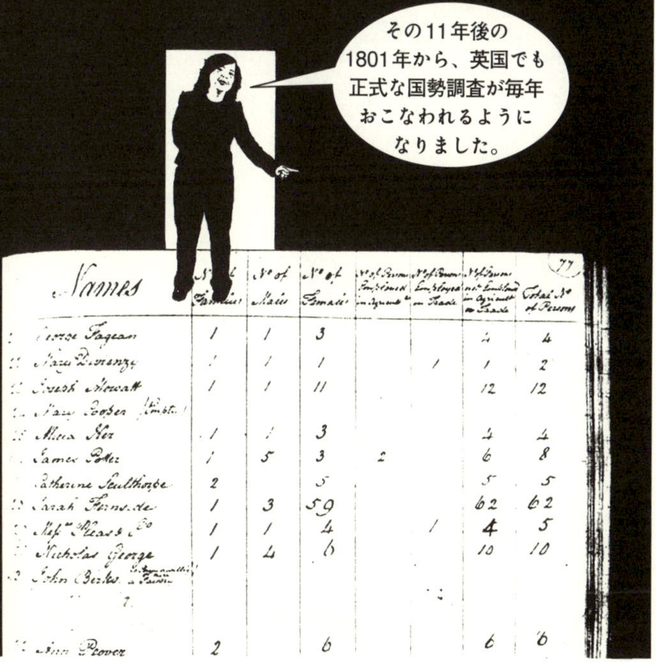

その11年後の1801年から、英国でも正式な国勢調査が毎年おこなわれるようになりました。
Names

教区記録

国全体をカバーする国勢調査が導入される前、国民の数はどのような形で把握されていたのでしょうか。そのころ一部の国で活用されていたのが、教区ごとの記録でした。フランスでは、葬式と結婚の記録が法的慣行として14世紀、ブルゴーニュ地方に導入され、16世紀には、洗礼、結婚、葬式の記録がフランス全土で義務化されました。英国では、ヘンリー８世の大法官、トマス・クロムウェルが1538年に同様の仕組みを導入しました。

トマス・クロムウェル
各教区の聖職者に対し、執行した洗礼、結婚、葬式について記録をのこすようにと指示したのです。

しかし、英国国教会に反対する人やほかの宗派に属する人、異教徒などは記録されることがありませんし、英国国教会に属していても教会への謝礼がはらえない人、はらいたくない人も記録されていませんでした。

ロンドンの死亡表

17世紀から18世紀、英国では、英国国教会に属さず、いわゆる非国教徒となる人が増えていました。ユダヤ教徒、クエーカー教徒、非国教派教会でも記録はおこなわれていましたが、これらはいずれも体制外の組織であり、国家の記録としては不適切だとみなされました。

カウントされない人が増えるにつれ、国全体の人口が増えているのか減っているのか、よくわからなくなりました。

当時、イングランドとウェールズにある1万もの教区で性別、年齢、死亡原因などが記録されていましたが、それを系統的に活用し、『死亡表に関する自然的・政治的諸観察』を書いたのがジョン・グラントです。グラントは自分の成果を「政治算術」という言葉で表現しましたが、この言葉は、彼の仕事に対して友人のウィリアム・ペティが考えた新語でした。

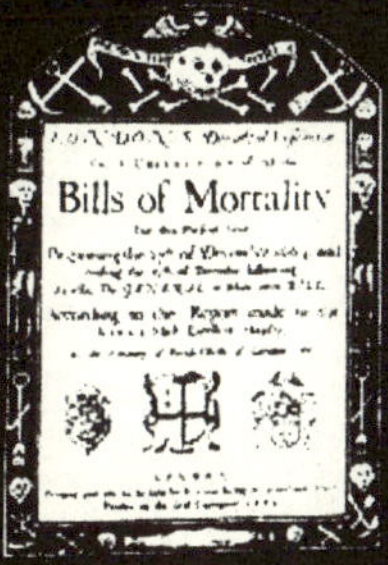

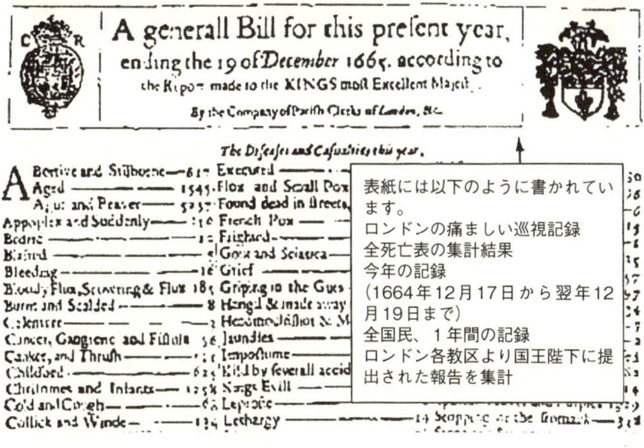

A generall Bill for this present year, ending the 19 of December 1665. according to the Report made to the KINGS most Excellent Majesty.

By the Company of Parish Clerks of London, &c.

The Diseases and Casualties this year.

Abortive and Stilborne — 617
Aged — 1545
Ague and Feaver — 5257
Appoplex and Suddenly — 116
Bedrid — 10
Blasted — 5
Bleeding — 16
Bloody Flux, Scowring & Flux 185
Burnt and Scalded — 8
Calenture — 3
Cancer, Gangrene and Fistula 56
Canker, and Thrush — 111
Childbed — 625
Chrisomes and Infants — 1258
Cold and Cough — 68
Collick and Winde — 134

Executed
Flox and Small Pox
Found dead in streets
French Pox
Frighted
Gowt and Sciatica
Grief
Griping in the Guts
Hanged & made away
Headmouldshot & M
Jaundies
Impostume
Kild by severall accid
Kings Evill
Leprosie
Lethargy

表紙には以下のように書かれています。
ロンドンの痛ましい巡視記録
全死亡表の集計結果
今年の記録
（1664年12月17日から翌年12月19日まで）
全国民、1年間の記録
ロンドン各教区より国王陛下に提出された報告を集計

ハレーの死亡表

18世紀には、死亡データから生命表を作成するという画期的な研究がおこなわれました。ジョン・グラントのアイデアを元に、ハレー彗星で有名な**エドモンド・ハレー**（1656–1742）がおこなったものです。

私は、世界初の彗星表を1676年に作成し、1693年には世界初の科学的な死亡表をつくりました。

ハレーの彗星に関する研究と人口統計の研究、両方を受けついで発展させたのが、オランダの天文学者で政治算術家の**ニコラース・ストルイク**（1687–1769）でした。ストルイクは、オランダで大規模な人口調査をおこなったことで知られていますが、実は、世界人口の合理的推計を実現したいと考えていました。世界人口が増加しているのか、安定しているのか、それとも減少しているのかを明らかにしたいと考えたのです。

マルサスの人口論

さまざまな人が世界や国の人口を把握しようと努めていた一方で、1798年、経済学者の**トマス・ロバート・マルサス**（1766–1834）が有名な『人口論』を書き、自然にまかせれば人口は生活資源の増大よりも速く増加する、よって、人口増加をきびしく抑制しなければ人類は幸福になれないとしました。

食糧生産の伸びよりも急速に人口が増加すれば、「生存競争」がおき、適者が生きのこって子孫をのこすことになる。
マルサス
この言葉、のちに自然淘汰説で使わせてもらったよ。
ダーウィン

マルサスは、人口は幾何級数的に増加する（2、4、8、16、32……）のに対し、食糧生産は算術級数的にしか増加しない（2、4、6、8、10……）という仮説を提出しました。つまり、食糧生産の増加よりも速いスピードで人口は増えがちだというのです。

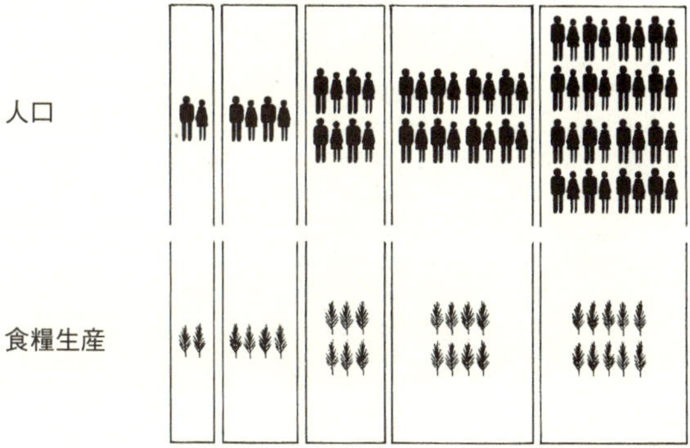
人口
食糧生産

人口学――人口の科学

収入の増加や農業生産性の改善によって社会下層の状況を改善しようとしても無理であり、「道徳的制限」によって人口を抑制する必要があるとマルサスは考えました。**人口学**は、貧困の数値的検討という形ではじまったのです。

人口増加が国の繁栄を制限する可能性があるとマルサスが指摘したのは18世紀末でしたが、欧州や米国で統計学が十分に発達し、人口を科学的に考えられるようになったのは19世紀なかばでした。この分野に人口学という名前をあたえたのは、フランスのベルティヨン学派の祖、**ジャンポール・アシル・ギラール**（1799-1896）です。1855年のことでした。

人口学とは、
誕生、結婚、死亡に
よって人口を記述する人口
動態統計にくわえ、人口の
規模、状態、構造、移動
もとりあつかうもの
なのだ。

当時、英国はフランスと覇権をあらそっていましたし、特にフランス革命を発端に1793年以降、欧州が戦争状態となったことから、18世紀最後の10年間、英国では、国民の総数と徴兵可能な人数の把握が強く求められるようになりました。

ナポレオン戦争の時代にはいると、政府は生活保護を受けている人数も把握できていなければ、流通している貨幣の総量も把握できていないことを、功利主義哲学者**ジェレミ・ベンサム**（1748–1832）が明らかにしました。

ベンサム
重要情報の欠落は国家運営が根本的に不安定であることを意味している。国家的な記録システムの整備が必要なのだ。

ロンドン統計学会

公的記録が必要だとの考えから、1834年にロンドン統計学会（のちの王立統計学会）が創設されました。創設には、マルサスのほか、**チャールズ・バベッジ**（1791-1871）とベルギーの統計学者・気象学者、**アドルフ・ケトレー**（1796-1874）らが参画しました。バベッジは、コンピューターの前身となる汎用計算機を開発した人物です。

ケトレー
マルサス
まず最初に、国家的な記録システムを構築し、本部をロンドンにおくことを提唱しました。
1836年に法律が制定され、戸籍制度が導入されました。誕生、結婚、死亡は届け出なければならなくなったのです。
バベッジ

こうしてGRO（ゼネラル・レジスター・オフィス）が設置され、イングランドとウェールズを対象に欧州唯一となる人口統計記録がとられることになりました。第1回の国勢調査がおこなわれたのは1851年。年齢、性別、職業、出生地を調べたほか、目がみえない人、耳がきこえない人の数も確認されました。

エドウィン・チャドウィックと公衆衛生改革

第１回の国勢調査では病気による死亡者の数が明らかとなり、都市部の衛生状態が劣悪だとの認識がひろがります。人が多すぎるため、換気や衛生設備が不十分な住居が増えたのです。汚水があふれ、下水はそのまま川にながされており、周辺住民は大きな健康リスクにさらされていました。

統計学を活用して公衆衛生改革を進めた人物が、進歩的な考え方をする**エドウィン・チャドウィック**（1800–1890）でした。チャドウィックは、政府を改革し、貧困救済を進めようとしました。

公衆衛生改革の成功により、統計をとることの重要性が再認識されたといえます。
英国で公衆衛生が大きな問題となったとき、衛生状態の計測を統計学でおこなったからです。
チャドウィック

ウィリアム・ファーと人口動態統計

ＧＲＯ設立後、チャドウィックは、誕生と死亡の記録を所管する戸籍本署長官をおくよう提案しました。このポストは議会で承認され、国務大臣の義理の兄弟、**トマス・ヘンリー・リスター**（1800−1842）が任命されました。

この仕事では統計記録の処理が必要となるため、リスターは、当時、人口動態統計に関心をもっていた唯一の医療関係者、**ウィリアム・ファー**（1807−1883）をまねきました。

戸籍本署の統計部長としてファーが1839年におこなった仕事は、その後、英国で発達する予防医学と医療統計学の基礎となります。人口動態統計の手法や整理方法が、その後、さまざまな国でひな形として使われることになるのです。ファーと**トマス・ロウ・エドモンズ**（1803−1899）が近代的な人口動態統計を構築したといえます。

ロウ・エドモンズ

フローレンス・ナイチンゲール
——情熱的な統計家

ファーとケトレーが進めた統計学に強い興味を示した人に、**フローレンス・ナイチンゲール**（1820–1910）がいました。ナイチンゲールは看護婦の仕事に対する認知を大きく高めたヴィクトリア朝時代の有名人物で、「ランプの貴婦人」としてひろく知られています。1913年に彼女の伝記を最初に書いたエドワード・クックは、ナイチンゲールを「情熱的な統計家」とよびましたが、その側面はあまり知られていません。

野戦病院やロンドンの病院で公衆衛生改革を実現できたのは、私に統計学者という側面もあったからなの。

ヴィクトリア朝中期の統計家らしい手法と考え方を活用し、ナイチンゲールは、自分がクリミア戦争で学んだポイントが重要であること、また、帰国した兵士の死亡率は引き下げ可能であることを政府高官たちに示したのです。

ナイチンゲールは若いころ、チャールズ・バベッジなどヴィクトリア時代の科学者と夕食会で交流をもっていました。数字に強い興味をもち、20歳になったころには、ケンブリッジ出身の数学者、**J.J.シルベスター**（1814−1897）から2時間の講義を受けていたほどでした。

毎朝、公衆衛生と病院に関する統計資料をチェックし、説得力のある統計情報を集めることがナイチンゲールの日課でした。「数字がずらっとならんでいるのをみると元気がでるのよ」というほど、ナイチンゲールはこの作業を好んでいました。

統計学は世界で一番大切な科学なのよ。神の考えを理解するためには統計学を学ばなければだめ。統計学は神の意思をはかる方法だから。

フランシス・ゴルトンと同じように、自然現象を統計的に検討することは「信心深い人の義務」だと考えていました。

クリミア戦争に関する統計資料

1854年、ナイチンゲールのもとに、戦時大臣をしていた友人、**シドニー・ハーバート**（1810-1861）からある依頼がとどきます。

ハーバート
「トルコにある英国陸軍病院の看護婦長」になってくれないかと頼んだのだ。

クリミア戦争従軍兵士の看護を依頼されたナイチンゲールは、38人の看護婦とともに従軍しました。

女性が正式に任官されたのははじめてのことでした。この異例の任官の背景には、ナイチンゲールが政府と縁が深く、長年にわたって職業看護婦の擁護活動をしてきた結果、高い評判を得ていたことがあります。

タイムズ紙の報道で世論が沸騰したとき、ハーバートは次のように語りました。

無能な陸軍司令官のせいで我々のような兵士が苦しんでいることが報道された……

ナイチンゲールを任官すれば、世論を沈静化できると考えたのです。タイムズ紙読者からはナイチンゲールのためにと7000ポンドもの寄付が集まりました。このお金は、結局、病院の改善に使われたのですが、軍医や将校のねたみを買うことになります。

ナイチンゲールが赴任したクリミアのスクタリ病院は、どうにもならない状態でした。備品もない、食糧もない、調理器具もない、毛布もない、ベッドもない。ネズミやノミだけはいたるところにいる。そんな状態だったのです。

ナイチンゲールは病院から紅茶（もちろんミルクなし）用に水盤（たらい）をもらいましたが、兵士は、その水盤ひとつで洗濯から飲食まで、すべてをまかなっていました。

この悲惨な状況を改善できる資金と権限をもっていたのは、ナイチンゲールだけでした。ナイチンゲールは食器、シャツ、シーツ、毛布、マットレス、手術台、仕切り、下着を要請し、洗濯室とキッチンを整備しました。食糧の大部分は、フォートナム・アンド・メイソン社が供給してくれました。

私は立ちっぱなしで働きました。夜8時すぎ、病室にはいれる看護婦は私だけでしたし。
みんな、「ランプの貴婦人」とよんでいました。

クリミアにおける死亡統計

陸軍病院に統計的配慮が欠けていることをナイチンゲールは憂えました。病院間の連携はなく、継続的な報告もなければ報告の手順も定められていませんでした。病院ごとに病気の分類方法も違えば表のフォーマットも異なり、比較することすらできません。死亡者数の記録さえ不正確でした。何百人もの人を埋葬しても、その記録がなかったりしたのです。

チフス、腸チフス、コレラなどの死亡率は年間60%。ロンドンの大疫病よりもひどい数字だったの。
陸軍病院における25歳から35歳の死亡率は普通の病院の2倍だったわ。

鶏頭図

19世紀の人口統計学者は、さまざまなグラフや表で統計的意味を表現しようと努力しており、ナイチンゲールも視覚的にわかりやすい図を考案しました。彼女が考案した鶏頭図は、円を12等分して1月から12月に対応させ、時間による変化をはっきりと示すように工夫されていました。

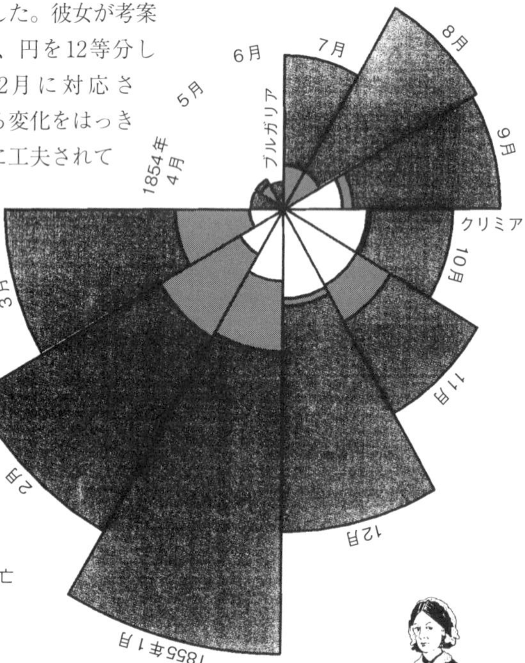
1854年
4月
5月
6月
7月
8月
9月
ブルガリア
クリミア
10月
11月
12月
1855年1月
2月
3月
1854年4月～
1855年3月
戦傷による
死亡
その他の原因
による死亡
疾病による死亡

私のグラフは、戦争中、
死ななくていいのに死んでしまう人が
いかに多いのかをはっきり示すとともに、
病院の衛生状態が改善されれば死亡率を
下げられることを医療関係者に納得して
もらう力にもなりました。

クリミア戦争後、ナイチンゲールはケトレーにこう書きおくっています。「私が統計学を熱心に勉強したのは科学的な興味があったからではなく、人々の窮状や病苦、そして法や政府の無策ぶりをいやというほど見たからなのです」

確率

19世紀、どのような形で統計データを把握していたのでしょうか。グラフや表という形にまとめるほか、19世紀末まで統計手法としてよく使われたのは確率と平均でした。

確率は、とても古くからある統計的概念です。14世紀初頭には、ゲームの勝敗を考える手法として使用されていました。

確率にはいろいろな考え方があります。

1．主観的
2．偶然のゲーム
3．数学的
4．相対度数
5．ベイズ的

確率分布は、次の6種類がよく使用されます。

1．二項分布
2．ポアソン分布
3．正規分布
4．カイ2乗分布
5．*t*分布
6．*F*分布

前半3つの確率分布については56～60ページでくわしく検討します。後半3つの確率分布は統計的有意性を計るカイ2乗検定（163～166ページ）で使うものです。t検定については175ページで検討します。

統計分布は大きく2種類にわけられます。ひとつは**確率分布**で、標本中でさまざまな事象がおきる可能性を示すもの、もうひとつは**度数分布**で、各事象の発生度数をあらわすものです（86ページ、89ページ、95ページ参照）。

確率分布は、各種の統計的手法でデータを解析したあと、その結果をあらわすときに使われます。度数分布は膨大な数のデータをあつかいやすい形に変換し、そのグループにおいてある事象がおきる頻度を明らかにすることができます。

変数

変数とは、何かの特質で、測定か計数が可能なものです。時間によって変化するものもありますし、個体によって異なるものもあります。

変数は、大きく2種類にわけられます。

目の色、性別、政治志向など、種類でかぞえられるものは離散変数とよびます。
身長、体重、血圧など、定量的に測定できるものは連続変数とよびます。
K.P.
離散変数
かぞえられるもの
目の色
❑ 茶
❑ 黒
❑ 青
❑ グレー
Fig.12
性別
❑ 男性
❑ 女性
政治
❑ 労働系
❑ 保守系
❑ リベラル
連続変数
目盛りから読み取るもの

離散変数も連続変数も、もっと細かく分けることができます。くわしくは、あとのページで説明します。

確率を考えるときに合理的な信念の度合いを考慮する**主観的アプローチ**とよばれるものがあります。

賭け方から確率を考えるのです。たとえば……

予想する結果は、多くの場合、人によって異なります。人が2人いれば想定する確率も異なることがありますが、どちらが正しいのかを客観的に判定する方法はありません。

「ある結果となる確率を人がどう考えるのか」を基準に賭け方を考えるのが**ゲーム理論**とよばれるものです。確率を外界ではなく観察者の心理に求めるわけです。このアプローチには、知識と技能が同等な人同士でも想定する確率が異なるという問題があります。

馬の実績は？
芝の状況は？
レースのタイプは？
著者

偶然のゲーム

偶然のゲームは、サイコロをふることを人がおぼえて以来、ずっと存在するゲームです。今から5000年以上も昔、古代メソポタミアでそのようなゲームがおこなわれていたらしい証拠がイラク北部で発掘されています。紀元前1400年ごろのエジプト第18王朝でも、サイコロが使われていました。

昔のサイコロは、動物の長骨を四角く削り、ほぼ立方体になるようにカットしてつくられました。昔のギリシャ人やローマ人は、足首部分の小さな骨、距骨をよく使いました。

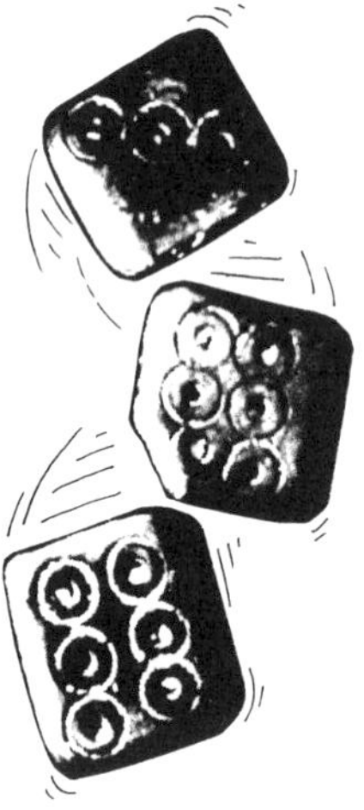

サイコロ3個の出目を『神曲』でとりあつかいました。
Dante

ダンテ・アリギエーリ
(1265–1321)

確率について書物を最初に書いたのはイタリア、ルネサンス時代の医師で数学者、**ジローラモ・カルダーノ**（1501–1576）でした。カルダーノは賭け事が大好きで、賭博で生活費をかせぐことも多かったそうです。彼の死後に出版された『さいころあそびについて』は、偶然のゲームに関する虎の巻としてギャンブラーたちに人気の書となりました。

計算をおこなうにあたり、運の影響も考慮しました。
カルダーノ

17世紀にはいって古典確率論が登場すると、運という考え方は捨てられます。古典確率論において、確率事象はすべて数学的確率にもとづくとされました。つまり、カルダーノのいう偶発事象も、数学的要件を満足するものでなければならないと考えられたのです。

ド・モアブルとソーホーのギャンブラー

1718年には、フランスの数学者、**アブラーム・ド・モアブル**（1667−1754）が、偶然のゲームにおけるプレイヤーの利益と賭け金という問題をとりあつかった、『チャンスの原則——ゲームにおける事象の確率を計算する方法』を書きます。この本は、カルダーノの著作同様、ギャンブラーたちの虎の巻となりました。

ド・モアブルは1685年にフランスからイングランドへ移住します。ルイ14世がナントの勅令を廃してフランスをカトリック中心にもどしたためで、この時期、多くのプロテスタントが国外に逃れたのです。

ロンドンに移住したド・モアブルはエドモンド・ハレーやアイザック・ニュートンと親交を結び、30歳の若さで王立協会のフェローに選出されます。

生計をたてる
必要があるので、ソーホー地区のギャンブラーに数学的アドバイスをしていました。
ド・モアブル

確率の数学的理論

17世紀末ごろには、さまざまな人が順列・組み合わせという数学的確率の考え方を偶然のゲームに適用しようと考えました。

クリスティアーン・ホイヘンス
(1629–1695)
ピエール・ド・フェルマー
(1601?–1665)
ゴットフリート・ヴィルヘルム・
ライプニッツ (1646–1716)
ブレーズ・パスカル
(1623–1662)
ジョン・アーバスノット
(1667–1735)

……でも、定量的にとりあつかう方法はわからないままでした。

確率の数学的理論が登場した結果、数学的な複雑さをへらし、データの集合において偶然からどのような規則性が生まれるのかを明らかにしたり、さらには偶然を法則にまとめたりすることが可能になりました。

これは確率事象における長期的な規則性を記述するもので、望む事象が発生する回数の比であらわされます。

$$\frac{\text{当たりの場合の数}}{\text{ありうる場合の数}}$$

この理論的アプローチでは現実の事物をとりあつかいません。条件を設定し、二項分布で確率を求めるのです（56〜58ページ参照）。

表と裏の確率は等しい、つまりコインは不偏だと仮定し……

……コインを何回も投げたとき、表と裏の出方ごとにその確率を求めるのよ。

数学的なこの考え方は17世紀に登場し、18世紀初頭に学問として確立しました。ただし、統計理論への応用は19世紀末からでした。

相対度数

不確定事象の発生確率を不確定事象「A」の確率「P」、すなわちP(A)という形で表現するとき使われるのが相対度数です。ある事象の発生確率とは、長期的に同種の事象が発生する比率のことなのです。

定刻
遅延
飛んだ飛行機の80%が定刻に到着するなら、定刻到着の確率は0.80ということになります。

定刻到着の確率＝0.80

これはほかの種類の確率よりも科学的・客観的な考え方であり、現実世界の理解を深める、現実の事物について評価をおこなうなどの場合に使われます。コインを100回投げて表が出た回数と裏が出た回数の比率を計算したりするのです。

統計学者のカール・ピアソンは、若いころ、数百枚ものペニー貨を教室の床にばらまき、学生に表と裏をかぞえさせたりしました。

結果は表と裏がほぼ半々で、平均や確率という考え方が正しいことを示していたよ。

統計学では実験で確認することを検定とよびますが、では、いったい何回コインを投げたら適切な検定となるのでしょうか。表が60回、裏が40回になったとしても、もう一度、100回投げて同じ結果となることはまずありません。確率は変化しつづけるもので、確率が変化しないと思えるほどに投げたらコインがすり切れてしまうでしょう。

この問題に対処できる考え方が相対度数です。実験的におこなってみた（試行した）とき、ある事象の発生回数を試行回数で割ったものです。

ベイズ的アプローチ

確率をはじめて帰納的に使い、確率推定の数学的基礎をつくったのが、数学者の**トーマス・ベイズ**牧師（1702−1761）です。ただし、統計学で「ベイズ的」という言葉が使われるようになったのは1950年前後になってからでした。

ベイズは「ベイズの定理」を確立したことで知られています。ベイズの定理は、確率分布で表現される過去の判断が新情報によってどのように変化するのかを数式であらわしたものです。

これは、ある事象について、発生しなかった回数からその後の試行で発生する確率を計算しようという考え方です。
帰納的に考えるときに、どの程度の信頼性があると判断するのかを検討したり、ある事象がおきる可能性を不十分な知見から推測したりする場合に利用します。
ベイズ

開業医が診断をおこなう場合の考え方を例に、ベイズの定理を説明してみましょう。まず、患者の症状や地域における流行度合いなどから、ある病気にかかっているのではないかと判断します。そして、さまざまな検査の結果を使って、この判断を修正してゆくわけです。

確率分布

結果がおきる・おきないという２つの値をとるものの確率を示す離散型確率分布を**二項分布**とよびます。一連の試行において、ある事象が発生する回数をあらわしたものです。二項分布を使うと、たとえば、コインを10回投げたとき裏が５回でる確率を得ることができます。

n=10で拡張した二項分布

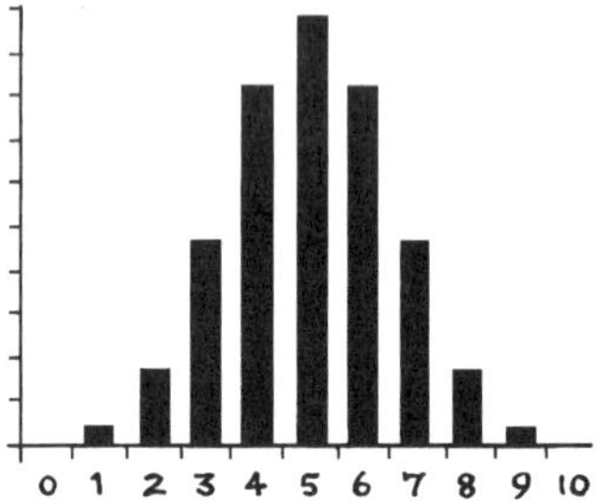

0 1 2 3 4 5 6 7 8 9 10

この分布を導入したのはスイスの数学者、**ヤコブ・ベルヌーイ**（1654–1705）です。彼の死後、1713年に出版された『推測法』から確率の数学的理論がはじまったといわれています。

ある事象が発生する確率は、結果の相対度数から推定可能だと示したのじゃ。
ベルヌーイ

二項分布とは、結果を成否に分類してカウントする実験をモデル化するもので、ひとつずつの結果を「ベルヌーイ試行」とよびます。

n回の試行をおこなったとき、
発生確率を$p+q$（可能性のある２種類の結果）としたとき
二項分布は $(p+q)^n$であらわされます。

これで、おこりうるさまざまな結果の確率をあらわすことができます。結果ごとの確率を求める場合、$p+q$をn乗する、つまり、試行回数で二項分布を拡張する必要があります。

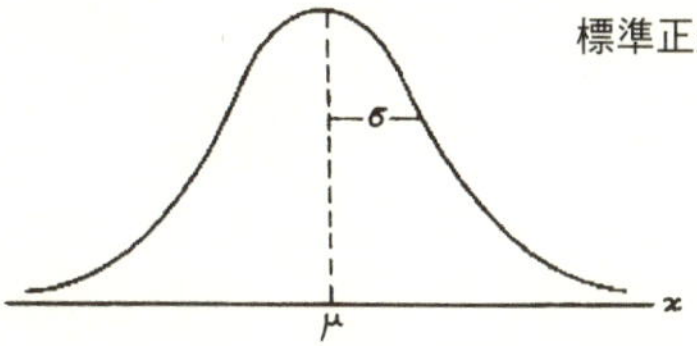

σ
μ
x

標準正規分布

二項分布は、連続した正規分布に近づいてゆく

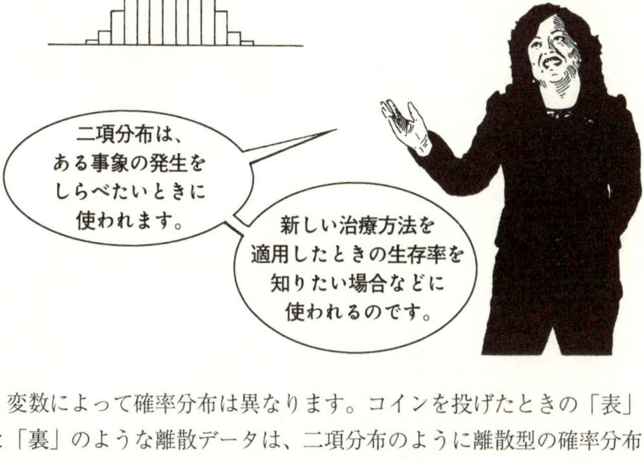

二項分布は、ある事象の発生をしらべたいときに使われます。
新しい治療方法を適用したときの生存率を知りたい場合などに使われるのです。

変数によって確率分布は異なります。コインを投げたときの「表」と「裏」のような離散データは、二項分布のように離散型の確率分布となります。これに対し、身長や体重などの連続データは正規分布などの連続分布となります。

試行回数が$n=2$、結果が２種類（表か裏）というコイン・トスの例を考えてみましょう。コインの重さや形に偏りがない、いわゆる不偏であるかどうかの検定をおこなうためには、二項分布を拡張し、コインを投げた回数を考慮する必要があります。

$p+q$をn乗して（自分自身をn回かけて）二項分布を拡張します。

- pとqの合計は１となります（コインを投げたときの結果は２種類なので、$p=\frac{1}{2}$、$q=\frac{1}{2}$）
- n＝試行回数、つまり、コインを投げた回数（この例では２）
- 二項分布は $(p+q)^2$ となります。
- これがコイン・トスにおける二項分布の拡張です。

コインを10回投げたら10回とも表だったとします。上記と同じパターンの処理をすれば、10回投げたときの二項分布が得られます。つまり、10回とも表となる確率は $(\frac{1}{2})^{10}$ となります（$\frac{1}{2}$の10乗、つまり$\frac{1}{1024}$です）。

不偏なコインで10回とも表になる確率は1000回に１回もないというわけです。

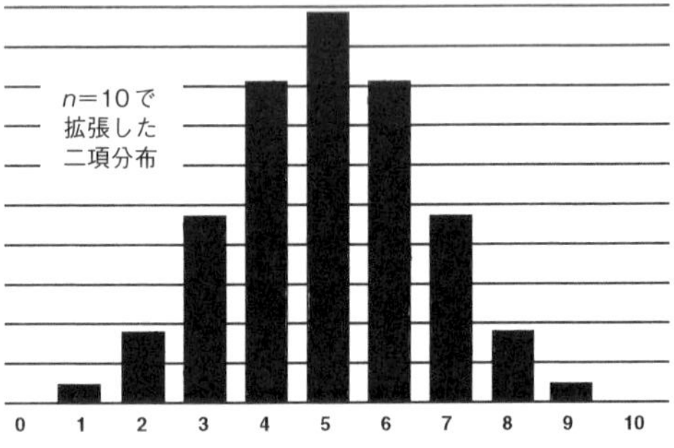

ポアソン分布

ポアソン分布とは独立した試行を多数回くりかえしたとき、発生しにくい事象の発生を記述する離散型確率分布で、**シメオン＝ドニ・ポアソン**（1781–1840）が発見しました。ポアソン分布は、確率が小さく試行回数が多い場合に、二項分布のすぐれた近似となります。

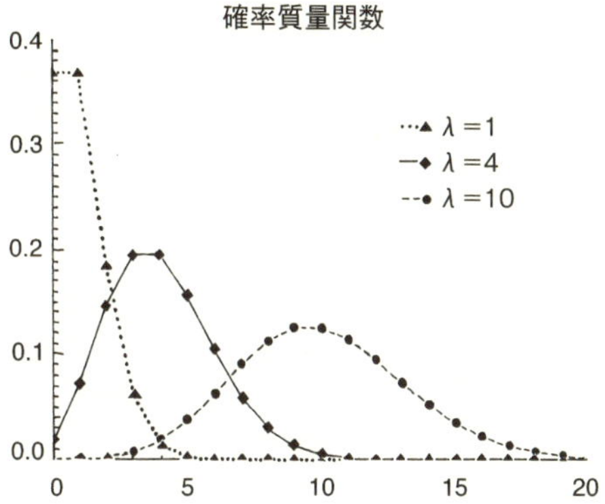
確率質量関数
0.4
0.3
0.2
0.1
0.0
0
5
10
15
20
λ =1
λ =4
λ =10

ある事象について平均発生率がわかっており、かつ、各事象は前回の事象の影響を受けずに発生するという場合、一定時間における発生回数の確率を記述することができます。
ポアソン

死亡統計の分析ではポアソン分布がひろく使われます。病死は基本的に独立かつ無作為に発生すると考えるわけです。

正規分布

正規分布は連続分布ですが、二項分布と関係があります。二項分布でnを無限に大きくしてゆくと、極限として正規分布へ近づきます。つまり、二項分布の棒グラフの数がどんどん増えてどんどん細くなると正規分布になるのです。

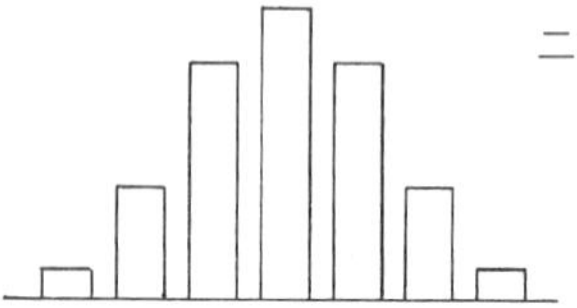

二項分布

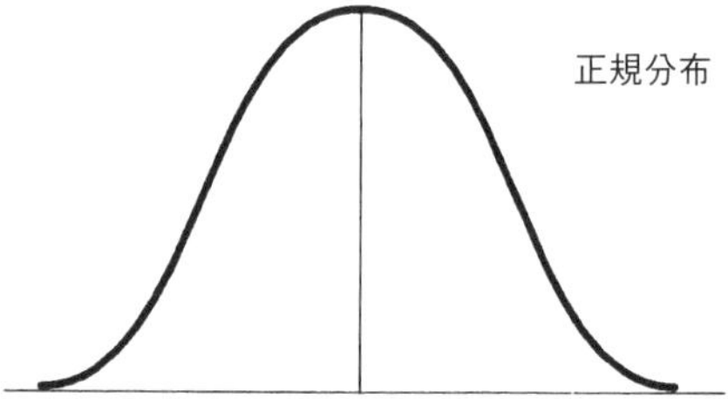

正規分布

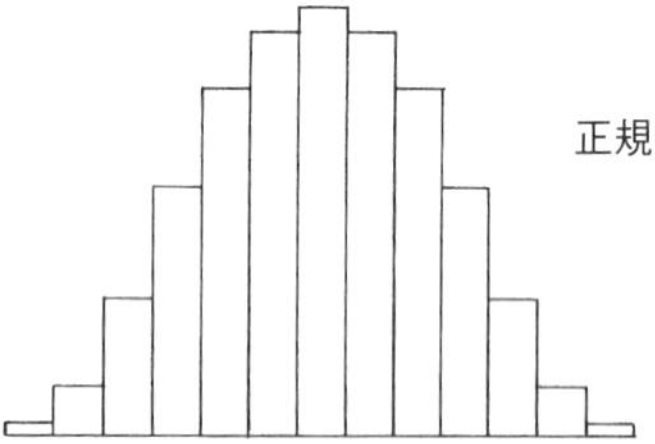

正規分布とよく似た二項分布

正規曲線とよばれたり、(不正確なのですが) ガウス分布とよばれたりしますが、ともかく正規分布は、さまざまな種類の統計分布を比較する物差しとしてずっと使われてきました。近代の統計学では特に重要な概念です。データは統計手法で解釈するのですが、手法の多くは正規分布がベースとなっているのです。

DeM.

天体観測

正規曲線という考え方は、まず、天文学者が観測結果を統合する計算で使われました。「誤差の法則」（正規曲線と同じもの）を使い、天文学や測地学*に関する観測結果の一次方程式を統合したのです。

ド・モアブルが偶然のゲームを研究し、二項定理を活用した結果、1733年、「誤差の法則」という名前で最初の正規曲線が導出されました。ド・モアブルは正規分布の確率表も世界に先駆けて作成しました。

天文学者たちは確率をきっちりモデル化しようという気がなく、毎回、適当なやり方でまとめていたため、多くの科学者が協力する必要がありました。しかし統計の専門家の協力を得たあとは、ひとりでデータの解析がおこなえるようになりました。

*地球の形状や面積を研究する学問。

中心極限定理

データがもつ不確定性を把握・測定するツールとして確率を発展させたのは、フランスの数学者・天文学者、**ピエール＝シモン・ラプラス**（1749-1827）でした。1789年ごろ、ラプラスは、測定には小さな独立誤差がつきものだと考え、誤差の法則を数学的に導けることを示しました。その後1810年には**中心極限定理**を発表し、統計学に大きな影響をあたえました。

これは確率論の大きな成果のひとつでした……。

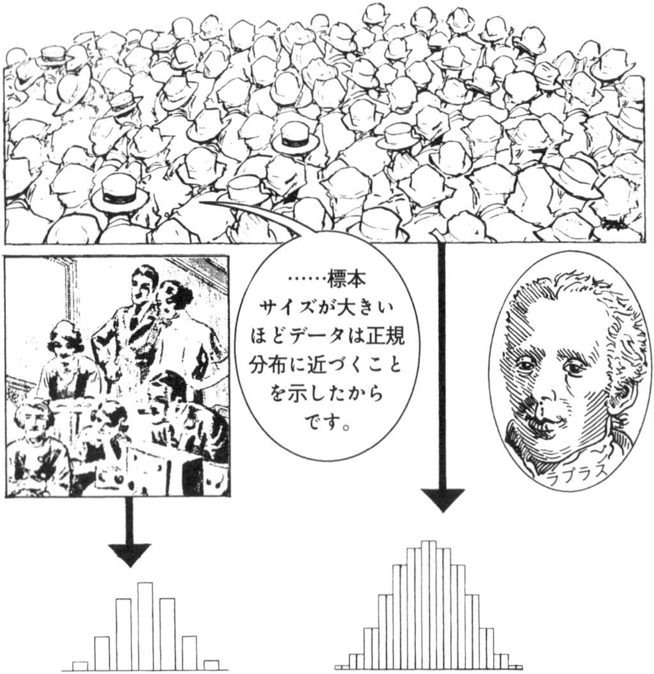
……標本
サイズが大きい
ほどデータは正規
分布に近づくこと
を示したから
です。
ラプラス

統計学的な表現としては、母集団分布が正規分布でない場合も、標本サイズが大きくなると標本平均の分布は正規曲線に近づくといいます。

身長や知能など、さまざまな変数が正規分布をとりますが、その理由を示したのがラプラスの中心極限定理です。

中心極限定理からは、データに膨大な数の影響が加わっており、かつ、影響が互いに独立した、無作為で小さなものであるとき、データはほぼ正規分布になることがわかります。

ピエール＝シモン・ラプラス

ガウス曲線と最小二乗法の原理

19世紀末までラプラスの著作が数学的確率のバイブルとなっていましたが、統計学的にこれを展開することに成功したのが**カール・フリードリヒ・ガウス**（1777–1855）でした。その結果、「ガウス曲線」という言葉も使われるようになりますが、曲線自体はラプラスが発見したものです。

わしは1805年に発見したんだがね。

アドリアン＝マリ・ルジャンドル（1752–1833）

わしの研究はラプラスの成果に負うところが大きい。確率の法則も天体運行の理論を研究するときに活用させてもらった。
最小二乗法の原理には1809年に到達したよ。
ガウス

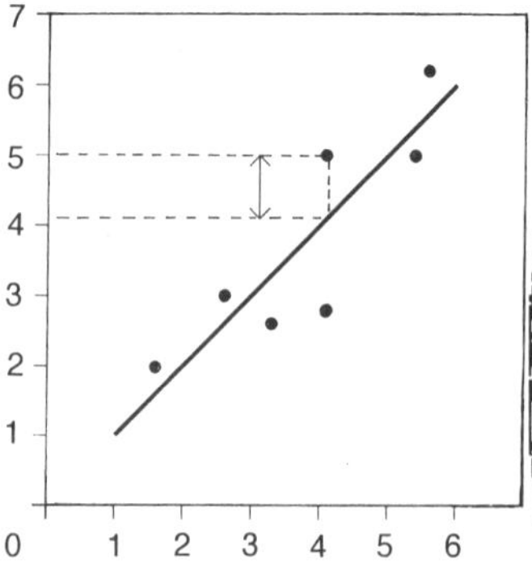
0
1
2
3
4
5
6
7

19世紀初頭、ガウス、ラプラス、ルジャンドルといった数学者や天文学者が地球の形状を求める場合などに活用したのが、誤差の法則から導かれた最小二乗法の原理です。最小二乗法は19世紀末、統計的回帰の解釈に適用され、統計学を大きく進歩させました（138～141ページ参照）。

正規とは？

正規を意味する英語、normalの語源はラテン語のnorma。れんが職人や大工が直角を出すために使っていたT定規のことです。そこから直角を「ノーマル（normal）な角度」とよぶようになり、17世紀には幾何学でもこの言葉を使うようになります。代数の世界でも、1809年に正規曲線について検討したガウスが、18世紀末に「norm」という言葉を導入します。

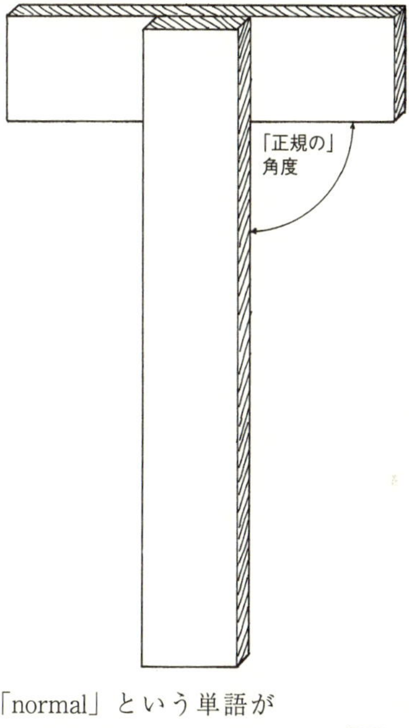

「normal」という単語が市民権を得たのは19世紀でした。最初は医療分野において、**病的状態**の反対を意味する言葉として使われたのですが、

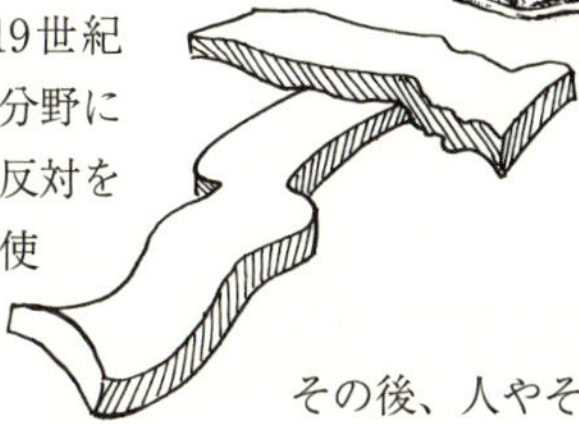

その後、人やその言動を中心に使用が急速に拡大しました。

こうして「normal」は、物事の状態や、状態がどうあるべきかといったことをあらわすようになり、そこから、17世紀以降、天文学者が、1870年代以降は統計学者がよく使うようになった左右対称の釣り鐘形分布を意味するようになったのです。

ただし、カナダの哲学者、**イアン・ハッキング**が指摘しているように、「normal」という単語には二重の意味があります。

「norm」とは普通や典型的といった意味だが、同時に、強烈な倫理的制約である規範も「norm」とよばれているのだよ。
ハッキング
スティグラー
統計学において、完全には到達しえない漸近的*な「normal」の極限、つまり「普通の極限」を考えるとき、これが出てくるのだよ。

「normal」は平均とか普通を意味し、「norm」は理想をあらわすわけですが、統計学においてこれらの橋渡しをする第3の要素があると示したのが、**ステファン・スティグラー**と**ウィリアム・クラスカル**のふたりでした。

*漸近とは、ある曲線へと限りなく近づいてゆくが、どこまでいっても交わらないことをいいます。

正規という言葉の発案者

この分布を記述するのにケトレーは「二項法則」を使いました。それに対し、ゴルトンは「誤差曲線」を使い、1877年２月、王立研究所で発表した「遺伝の基準則」という研究論文において、誤差曲線を「正規曲線」と名付けました。米国の論理学者・数学者、**チャールズ・サンダース・パース**（1839-1914）とドイツの数学者、**ヴィルヘルム・レキシス**（1837-1914）も、それぞれ同じく1877年に正規曲線という言葉を案出・導入しました。

1893年10月から講義で「正規分布」という言葉を使いはじめたんだ。
カール・ピアソン
パース
レキシス
ガウス曲線が実はラプラスが発見したものだとわかったので、ラプラス・ガウス曲線とよぶことを提唱したが、結局、どちらが先かという論争が国をこえてひろがるのを避けるため、正規曲線とよぶことにした。

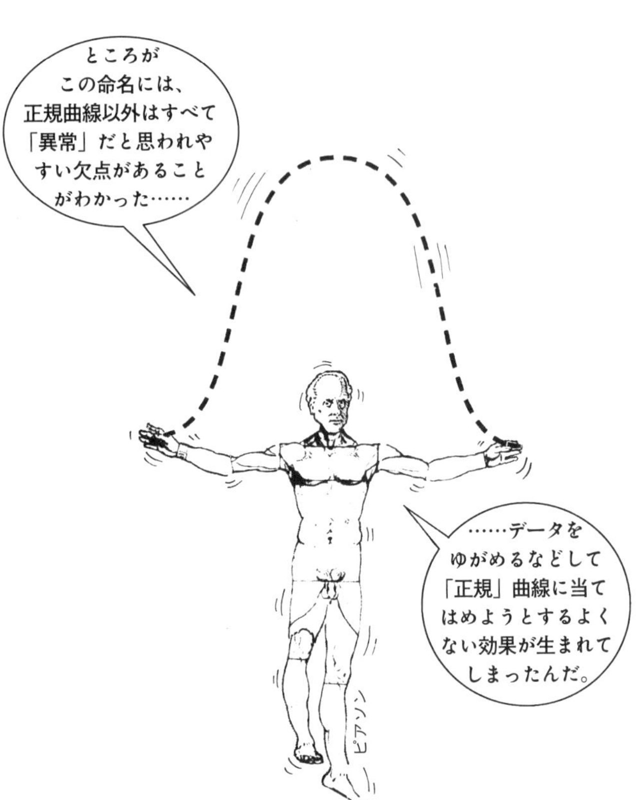
ところが
この命名には、
正規曲線以外はすべて
「異常」だと思われや
すい欠点があること
がわかった……
……データを
ゆがめるなどして
「正規」曲線に当て
はめようとするよく
ない効果が生まれて
しまったんだ。
ピアソン

「異常」だって？

最終的に「正規分布」という統計用語を世界にひろめたのは、ピアソンでした。

正規分布とは？

統計学における正規分布とは理論的概念であり、集積したデータと、そのような値が偶然に得られる確率との関係を示します。

数学的にいうと、正規曲線には３つの特徴があります。
1．釣り鐘形をした左右対称の曲線で、負の無限大から正の無限大まで連続しています。

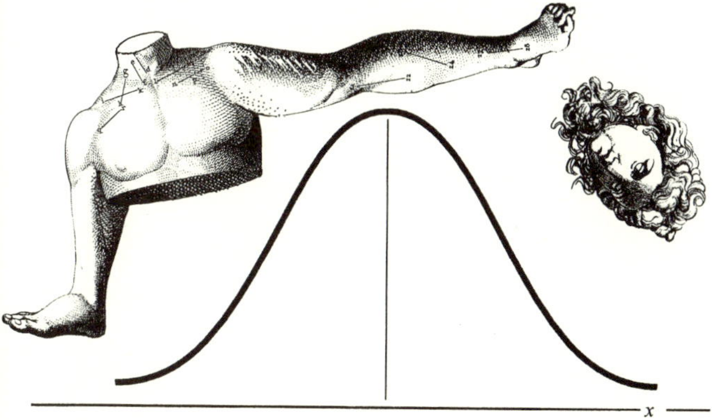

左右対称といえば、長方形分布などもそうです。x軸のどの部分も同じ度数だからです。

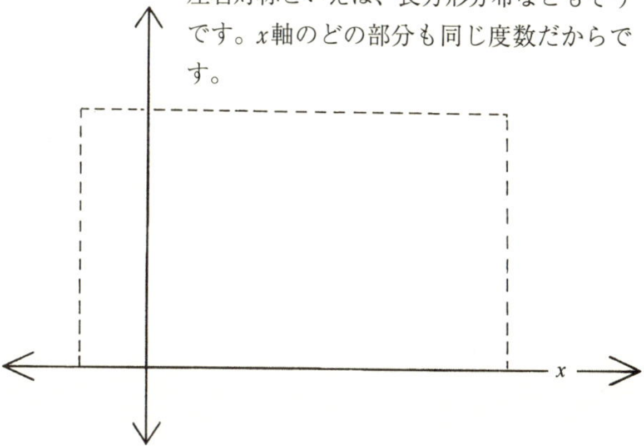

2．正規曲線の形を決めるのは、算術平均（75～77ページ参照）と標準偏差（109～112ページ参照）です。理論的な正規分布は、平均がゼロ、標準偏差が1です。標準偏差が異なると曲線が微妙に変化します。

平均は正規曲線がx軸上のどこに位置するのかを決める値、標準偏差は分散の度合いを示す値です。下の図において、平均は曲線Aも曲線Bも同じですが、標準偏差はBのほうが大きくなっています。

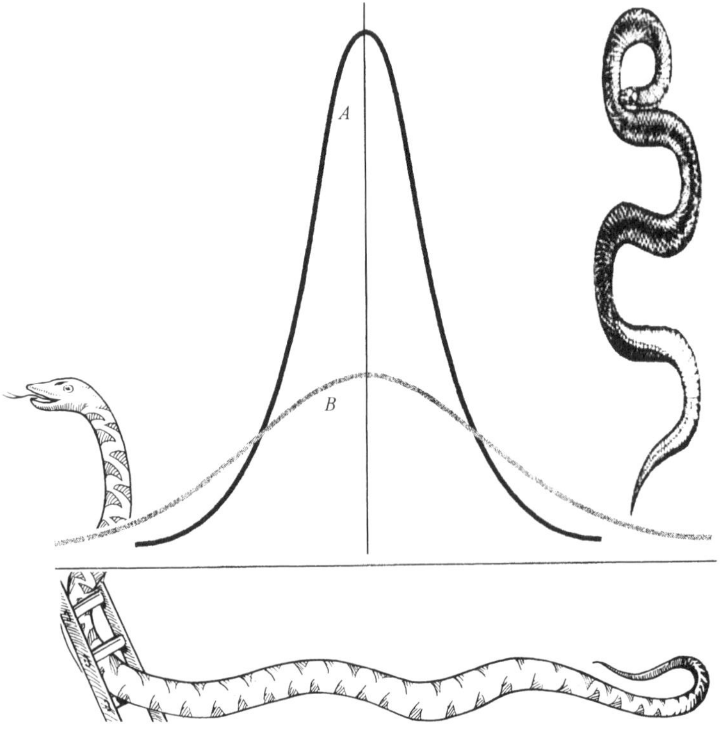

3．歪度《わいど》という概念も重要です。平均を中心に対称となる正規曲線は、歪度がゼロです。分布のすそが右に伸びていると歪度はプラス、左だとマイナスになります。

すそが伸びている向きで歪度がプラスかマイナスかが決まります。

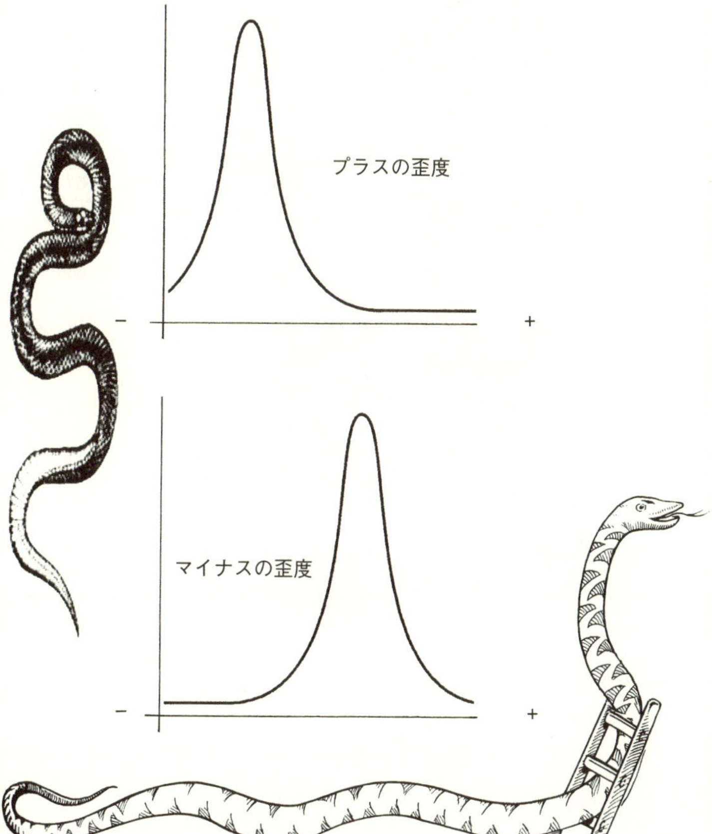

ケトレー主義

正規分布は、19世紀の数学者や哲学者、統計学者に多大な影響をあたえました。中でもアドルフ・ケトレーとフランシス・ゴルトンは、データはすべて正規曲線であらわせると考えたほどです。

ケトレーは決定論を信じていたことから、正規曲線に大きな意義を認めていたわ。
理想となる統計的平均があると考え、誤差の法則にしたがう正規曲線は理想のカーブであると思ったのよ。
だから、平均を中心としたバラツキはかならず正規曲線になるはずだと考えたの。
ケトレー

観測データはかならず正規曲線になるとケトレーは強く信じており、正規曲線ばかりを強調するため、「ケトレー主義」という言葉さえできました。もちろんケトレーも分布の多くがひずんでいることに気づいていましたが、「何か偶発的な力がふたつの向きに対して不均一にはたらいたから」だと考えたのです。

ゴルトンのパントグラフ

ケトレーに触発され、ゴルトンもあらゆるものが正規曲線であらわされると考え、図を２方向に引き伸ばしたり縮めたりできる道具、パントグラフをつくりました。

これがあれば、どのような形の曲線でも拡縮し、正規曲線にできるわけです。

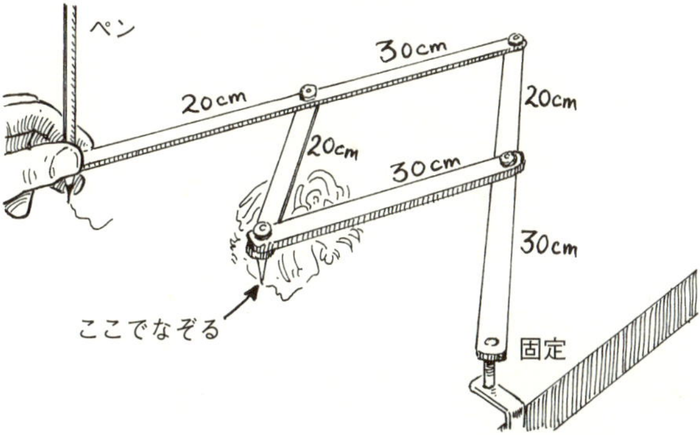
ペン
30cm
20cm
20cm
20cm
30cm
30cm
ここでなぞる
固定

正規曲線は、旧来の人口動態統計と新しい数理統計学の分かれ目となりました。その信者は急速に増え、19世紀末ごろには、正規曲線以外でデータを表現することなど考えられない統計学者がほとんどという状態になります。これに異を唱えたのがピアソンでした。

データのまとめ方

平均

人口動態統計における基本的ツールであり、かつ、古くから存在する統計的概念が平均です。平均という考え方は、古代から存在しました。アリストテレスの言葉にも「黄金の中庸」があります。この黄金は「すぐれた」という意味で、すぐれているのは中庸だというわけです。

アリストテレス
過剰
不足
中庸という美徳は、過剰と不足という2つの悪徳に挟まれているのだ。
一般に「平均」の同義語となるのは公平とか……
中庸とか……
普通とか……
平凡とか……
容認とかよ。

統計分野では、算術平均、中央値、最頻値という3種類の平均が使われます。

ケトレーと算術平均

算術平均を普及させたのはケトレー、1830年代のことでした。天文学で使われていた誤差の法則が、身長や胴回りといった体格の分布にも応用できると気づいたからです。この結果生まれたのが、有名な平均人という考え方です。

ケトレーは、自然法則とよく似た法則性を人や宇宙に見ました。社会システムに関する彼の話を聞いていると、まるで天文学者が宇宙のシステムについて語っているかのように感じたそうです。

人は星くず、人は黄金……
平均人
平均人
平均人とは重心のようなものだと考え、自分の業績を「社会物理学」とよぶことにしたのだ。
「社会物理学」という言葉を最初に使ったのは私ですが、ケトレーが同じ言い方をするようになったので、呼び方を「社会学」と変えました。
フランスの哲学者オーギュスト・コント（1798-1857）

ケトレーはまた、同じような規則性が自然現象と社会現象に見られることに気づき、社会にせよ政治にせよ倫理にせよ、平均値が理想なのだと考えました。中央からのズレは社会の問題を意味しており、平均となる哲学的立場や政治的立場であれば社会問題を解決できるはずだと考えたのです。

あるタイプを代表する場合にのみ平均値は科学的価値をもつ。つまり、平均からのズレは誤りによる欠点である。

1836年、ケトレーは、のちにヴィクトリア女王と結婚するザクセン＝コーブルク＝ゴータ公子アルバートとアーネスト王子の家庭教師をしていた。

ケトレーには多くのことを教えてもらったので、のちに、英国の科学者とよい関係をもてるように仲をとりもつ努力をしました。
アルバート公子
ケトレー

算術平均

平均といえば、普通、この**算術平均**を意味します。セットとなったデータの値（X）をすべて加え、データの数（N）で割ったものです。

中央値

中央値とは、データが上半分と下半分、ちょうど半々になるように分ける点のことです。

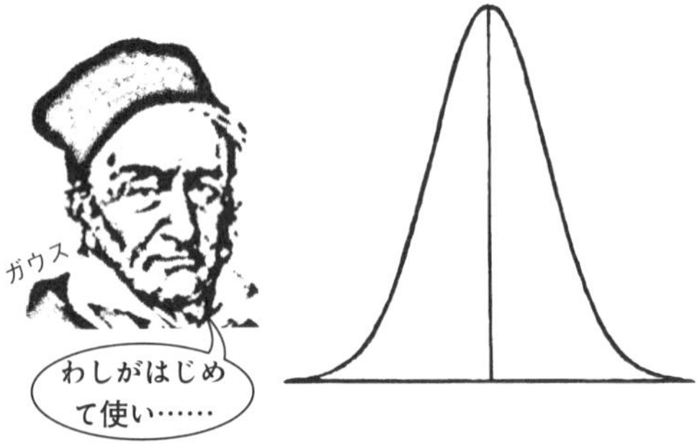
ガウス
わしがはじめて使い……

算術平均は算出が面倒だ、もっと簡単に出せる平均が欲しいと考えた人がいました。フランシス・ゴルトンです。こうして考え出された方法がパーセンタイル——あるパーセントより下と上に分布を分ける点です。

中央値は1816年にガウスがはじめて使いましたが、これを統計学に導入したのはゴルトンでした。1874年、全体を２分割する中央の点、つまり中央値となる50パーセンタイルという考え方を導入したのです。

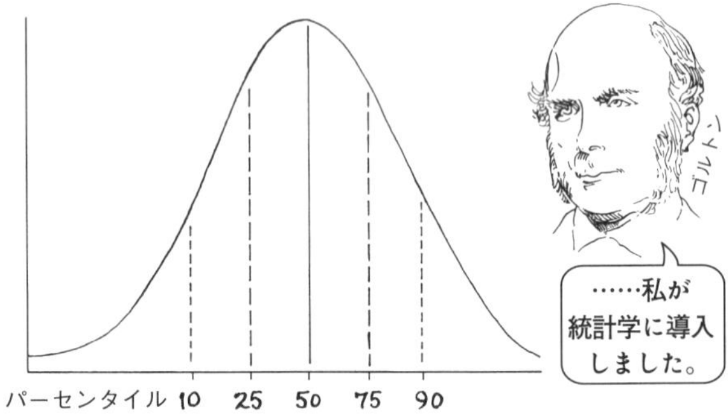
パーセンタイル 10 25 50 75 90
ゴルトン
……私が統計学に導入しました。

（メディアン）

中央値は使い方が簡単で、かつ、算術平均よりも簡単に算出することができます。たとえば男性の身長を測りたい場合には、100人を身長順に並ばせ、50パーセンタイル（中央値）となる男性を「平均くらいの人」だと考えるわけです。

50%は私よりも背が高い。
50%は私よりも背が低い。
中央値

この点なら、算術平均よりも短時間で見つけることができます。算術平均は、100人の身長を足し合わせ、得られた数字を100で割る必要がありますからね。
ゴルトン

中央値の見つけ方

データが奇数個なら、中央値を見つけるのは簡単よ。
では、中央値となる真ん中の点が存在しないときはどうするんだ？
グループB
8
7
6
5 ―― 2点が真ん中に来るときは、その2点の平均を中央値とします。
4 ―― 5+4＝9　9÷2＝4.5 ―― 中央値
3
2
1
グループA
7
6
5
4 ―― 中央値
3
2
1
SPECIMENS OF COMPOSITE PORTRAITURE
PERSONAL AND FAMILY.
Two Sisters
HEALTH.
DISEASE.
CRIMINALITY.
CONSUMPTION AND OTHER MALADIES

ゴルトンは、多くの人の写真をかさねて平均人の写真とする方法、「合成写真」も開発しました。

最頻値（モード）

THE MODE

中心的な傾向を示す第3の方法が、最頻値（モード）です。1894年にカール・ピアソンが名づけた方法で、度数が一番大きい値を使います。最頻値とは度数が最大の点で、代表的なケースを知りたいときによく使われます。たとえば最頻値となる人数構成の家族を「モード家族」とよびます。なお、かならずしも現実の値に対応するとは限りません。モード家族の人数が4人ではなく3.79人になることもありえます。

最頻値は
複数あることも
あるの。
グループA
X
5
4
3
3 —— 最頻値
3
3
3
3
1
1
グループB
X
8
7
7
7 —— 第1の最頻値
7
3
3 —— 第2の最頻値
3
3

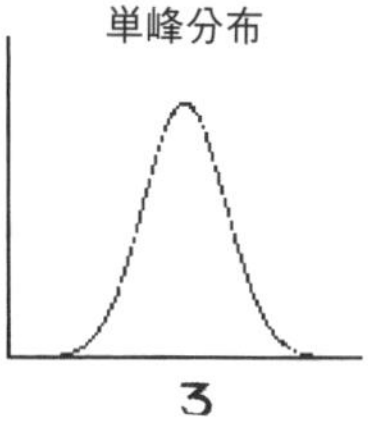
単峰分布
3

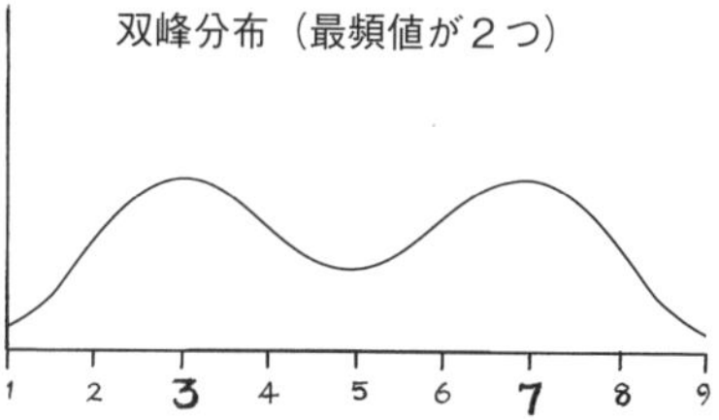
双峰分布（最頻値が2つ）
1
2
3
4
5
6
7
8
9

グループAでは6回発生した値が1つだけなので、最頻値＝3となりますが、グループBには7と3、2つの最頻値があります。このような分布を双峰分布とよびます。

使う統計的平均によって違いはあるのか

算術平均には計算がわかりやすい、グループのデータすべてを使うというメリットがあります。しかし、極端に高い値や低い値があると、おかしな平均値となってしまいます。

その場合、算術平均は現実離れした指標になってしまう。
カール・ピアソン

算術平均は銃のようなもので、慣れない人が使うと大きな間違いを生むことがある。誤解を招く値になることがあるからね。

これに対し、中央値は極端な値の影響を受けません。給料を例に考えてみましょう。年俸が４万ポンド、６万ポンド、12万ポンド、16万ポンド、82万ポンドだった場合、中央値は12万ポンドです（１万ポンドは約140万円)。この場合、算術平均は24万ポンドという代表的とはいいがたい値になります。82万ポンドという極端な値が平均をゆがめてしまうわけです。

41人が勤める企業を例に平均年俸を求めてみましょう。

X = 1人

人数	年俸	
XX	£4,000	
XXXXXX	£6,000	
XXXXXXXX	£10,000	—— 最頻値：もっとも多い値
XXXX	£18,000	
X	£24,000	—— 中央値：これより少ない人が20人、多い人が20人になる中央の値
XXXX	£30,000	
XXX	£36,000	
XXXXX	£40,000	
XX	£45,000	
XXXX	£50,000	
X	£70,000	
X	£1,200,000	

算術平均値＝53,854ポンド
最頻値（８人）＝10,000ポンド
中央値＝24,000ポンド

統計学で他人をだます

このように、方法によって得られる平均値は大きく異なり、都合のよい平均を選べば誤った印象をあたえることが可能です。

5万3854ポンドという算術平均値を使えば、ウチは社員に十分な給料を払ってるって言えるな。
それ以上もらっているのは2人だけだが。

ジャーナリストなら最頻値の1万ポンドを平均年俸としてとりあげ、従業員の多くが不当に安い給料しかもらっていないというかもしれません。

この場合、一番代表的なのは中央値の2万4000ポンドでしょう。ほかの値に対してあまりに極端なボスの給与、120万ポンドを外して中央値をとれば、もっと現実的な結果が得られます。なお、極端な値を統計の世界では「異常値」とよびます。

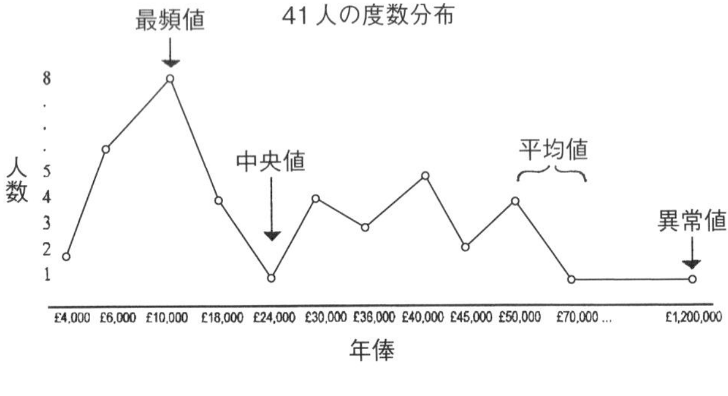
41人の度数分布
最頻値
中央値
平均値
異常値
人数
8
5
4
3
2
1
£4,000 £6,000 £10,000 £18,000 £24,000 £30,000 £36,000 £40,000 £45,000 £50,000 £70,000 ... £1,200,000
年俸

中央値のとおりになるわけじゃないの

平均値をとりあつかうとき大事なのは、情報の全体を考えることです。特に重要なのが、算術平均値に対するデータのバラツキを考えることです。個別データも、一般にこのような形で整理したほうが便利です。

古生物学者・進化生物学者のスティーヴン・ジェイ・グールドにとって、これはとてもすばらしい情報でした。グールドは1982年、アスベスト被害として有名なガン、中皮腫だと診断されました。幸いにも統計学の素養があったことから、8ヵ月という余命中央値のとおりに自分がなるとは限らないことをすんなり理解できたのです。

「余命中央値が8ヵ月」は君にとってどういう意味になるのかな？
中央値とは分布の50パーセンタイルを意味するので、私の場合、半分の人は8ヵ月も生きられないけど、残りの半分は8ヵ月以上生きるということになります。
グールド

統計データをあらわす有用な方法に**度数分布**があります（45ページ参照）。このグラフから、８ヵ月で死ぬとは限らないことをグールドは理解したわけです。それどころか、このグラフは、８ヵ月よりも長く生きる右側半分のひとりになれる可能性がかなり高いと解釈することもできます。

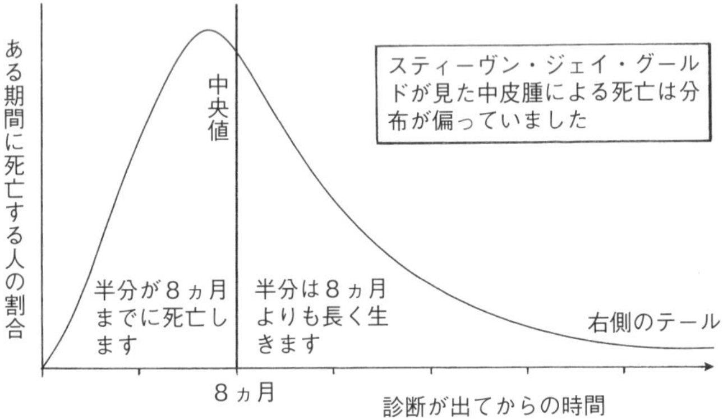
ある期間に死亡する人の割合
中央値
スティーヴン・ジェイ・グールドが見た中皮腫による死亡は分布が偏っていました
半分が８ヵ月までに死亡します
半分は８ヵ月よりも長く生きます
右側のテール
８ヵ月
診断が出てからの時間

統計学の素養がない人なら、「余命中央値が８ヵ月」と言われたら、「自分は８ヵ月で死ぬ」と思うはずだとグールドは考えました。

……そう思わせてはいけないのです。先の希望があるかないかで回復に差が出るのですから。
グールド

グールドは進化生物学者であり、バラツキを現実の基本だと考え、平均には疑いの目をむけるのが常でした。平均とは抽象的な結果であり、平均どおりの人など存在しないし、平均と個別ケースとは何の関係もないことが多いからです。

全体の中における
バラツキこそ究極の現実であり、抽象化した平均の利用には限界があるのです。

グールドの洞察力に敬意を表し、サンデータイムズ紙に「統計学とは不治の病を宣告された人にとって最高の味方である」とのコラムが書かれたこともあります。なお、スティーヴン・ジェイ・グールドが死亡したのは2002年。ガンの診断から20年もたっていました。

データの管理手順

大衆の現象を読みとくために統計学を最初に活用したのは、ヴィクトリア朝時代の人々でした。国や民間のさまざまな組織が膨大なデータを収集し、貧困、疾病、自殺などの研究をおこないました。そのころ使われていたのは、以下の方法です。

1. 表にまとめる――データをずらっと並べて記入する。
2. 円グラフなどの図にまとめる。
3. 小さなサブセットにデータをまとめる。たとえばゴルトンは、膨大な数の標本をとりあつかうとき、標本の数を100にまとめ、百分率でわかりやすく表示するといったことをしていました。

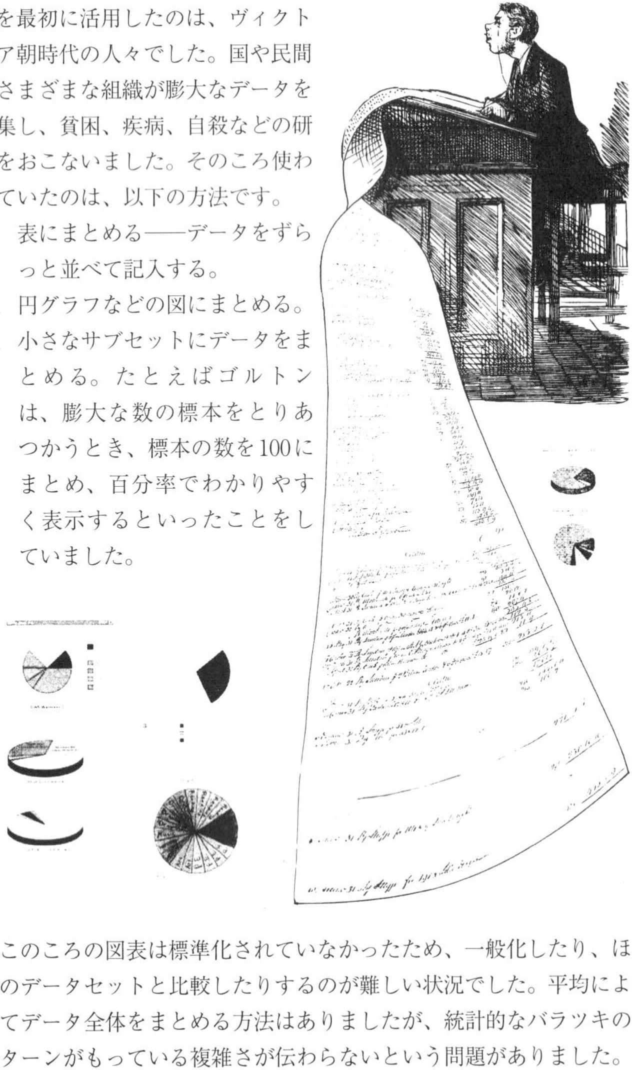

このころの図表は標準化されていなかったため、一般化したり、ほかのデータセットと比較したりするのが難しい状況でした。平均によってデータ全体をまとめる方法はありましたが、統計的なバラツキのパターンがもっている複雑さが伝わらないという問題がありました。

正規度数分布

ピアソンは、あつかいにくいデータを上手に処理できる方法があるはずだと考え、平均を使って度数分布を標準化し、大きなデータセットを体系的にとりあつかう方法を開発しました。この結果、それまでは不可能だったデータセット同士の比較や一般化がおこなえるようになりました。

ピアソンが考案した基本的なデータ管理手順と統計的手法が基礎となって、数理統計学が発展することになります。
くわしくはこのあとのページで説明しよう。

標本と母集団

1892年に「標本」という言葉を使いはじめたのは、ピアソンの親しい友人でダーウィン派の動物学者、W.F.R.ウェルドンでした。収集していた海洋生物の観察結果について、標本が十分な大きさであるかどうかを気にしたのです。この4年後、ピアソンが「正常群」という用語を代替するものとして「母集団」という言葉を導入し、1903年には母集団と標本の関係を明らかにしました。

ウェルドン

母集団を代表する結果が得られるように、標本のサイズは大きくすべきだ。
カール・ピアソン

母集団とは、バラやトラなど、分析の対象となる生物や物体のグループ全体をあらわす専門用語です。つまり母集団とは、ある種類のものについて可能な観測のすべてをまとめたものであり、これに対して標本とは、母集団における観測のごく一部を意味します。10年ごとにおこなわれる国勢調査のように、母集団全体を標本とする全数調査もあります。

母集団

標本

ほとんどの場合、母集団はメンバー一人ひとりを調査するには大きすぎます（イングランドの生徒全員、英国の有権者全員、フォードが生産する自動車のすべてなど）。そのため、母集団の一部についてのみ調査をおこなうのです。

統計ではさまざまな方法で標本を抽出します——**無作為**（ランダム）**抽出**、**系統抽出**、**便宜的抽出**、**有意抽出**、**層化抽出**など。

無作為（ランダム）抽出

対象者全員の名前を書いた紙を箱に入れて抽選するイメージの方法です。母集団のメンバーは全員、標本となる可能性が等しくあり、その可能性は互いに独立したものです。標本の抽出方法としては理想的ですが、母集団全員のリストがなければ不可能で、実現できない場合もめずらしくありません。実際の抽出では、統計学の書籍に記載されている乱数表やコンピューターで生成した乱数、あるいは電話番号を使った方法などが用いられます。

系統抽出

この方法も母集団全体のリストが必要です。系統抽出では、全体リストから一定間隔で抽出します（名前を五十音順に並べ、10番目ごとに順次ピックアップしてゆくなど）。

便宜的抽出

調査しやすい対象を選んで利用する方法です。抽出としては信頼性が最も低い方法です。

有意抽出

代表的だと思う対象を調査する人が選ぶ方法です。

層化抽出

年齢、性別、地域、支持政党など、調査でポイントになると考える特性によって、標本を層状に分割します。この方法は、ほかの方法と組み合わせて使用します。

ヒストグラム

ヒストグラムは1891年11月18日にピアソンが発表しました。「地図と地図作成法」という講義で「時間ダイアグラム」を示すためにつくった言葉でした。

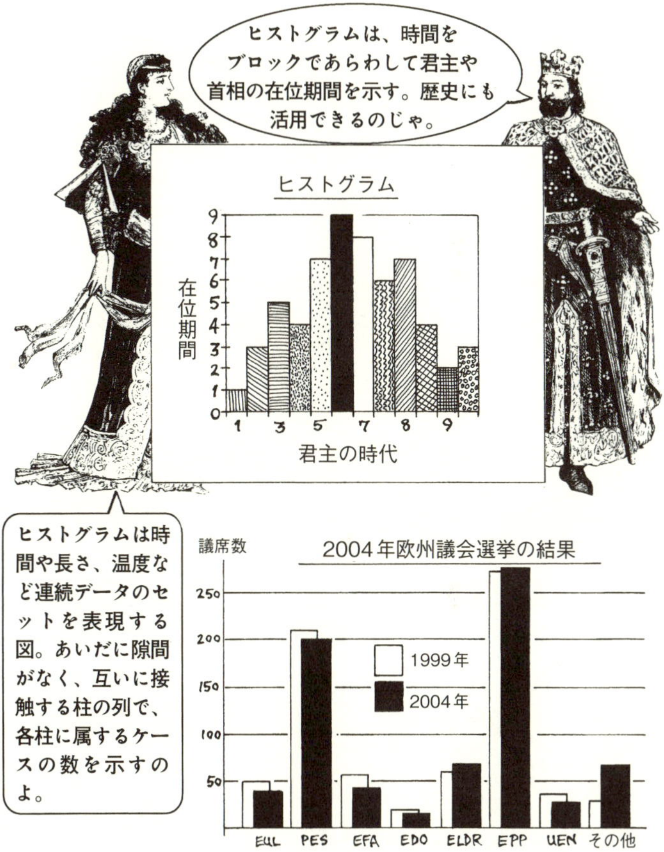
ヒストグラムは、時間をブロックであらわして君主や首相の在位期間を示す。歴史にも活用できるのじゃ。
ヒストグラム
在位期間
0
1
2
3
4
5
6
7
8
9
1
3
5
7
8
9
君主の時代
ヒストグラムは時間や長さ、温度など連続データのセットを表現する図。あいだに隙間がなく、互いに接触する柱の列で、各柱に属するケースの数を示すのよ。
議席数
2004年欧州議会選挙の結果
250
200
150
100
50
1999年
2004年
EUL
PES
EFA
EDO
ELDR
EPP
UEN
その他

これとよく似ているのが棒グラフです。棒グラフは柱のあいだに隙間があり、（性別や政党など）離散データをとりあつかいます。グラフは、問題を視覚的にとらえたい場合に使われます。

連続データの表現方法としては、ほかに度数多角形があります。柱の上辺中央の点を直線で結んだ折れ線グラフです。

度数多角形というグラフの描き方は、一番簡単な「曲線の当てはめ」だといえます。曲線の当てはめではデータ点のあいだを直線や曲線で結び、さまざまな形のグラフが生まれます。

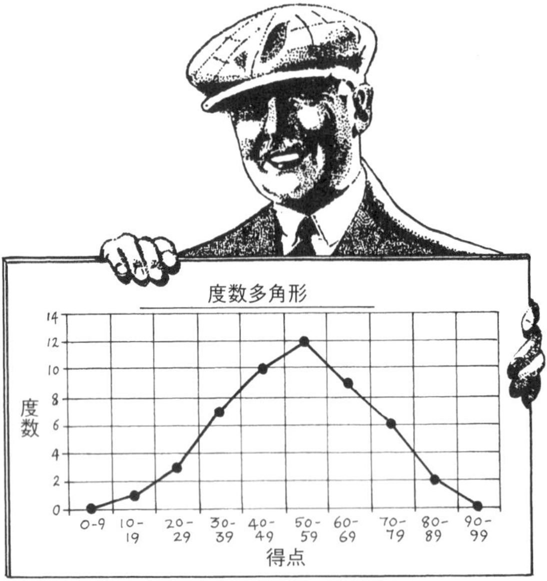

次にピアソンは、大規模な連続データを度数分布にまとめる方法と、その分布を構成する方法を示しました。

度数分布

度数分布を使うと、膨大な数のデータをあつかいやすい形に変換し、そのグループにおいて特定のケースがどのくらいよく発生するのかを示すことができます。ヒストグラムも度数多角形も度数分布の一種です。

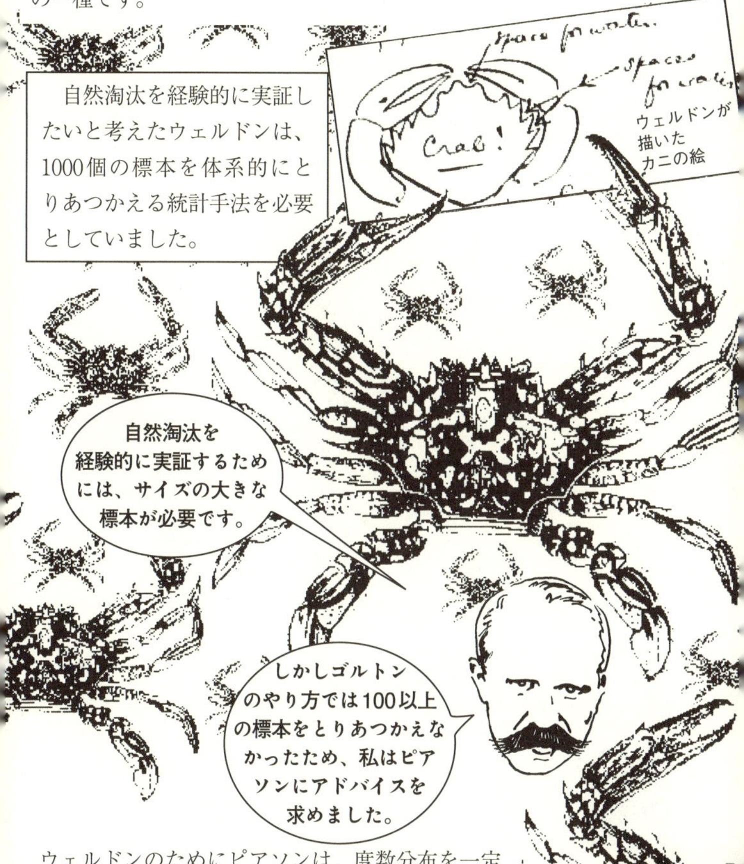
自然淘汰を経験的に実証したいと考えたウェルドンは、1000個の標本を体系的にとりあつかえる統計手法を必要としていました。
Crab!
自然淘汰を経験的に実証するためには、サイズの大きな標本が必要です。
しかしゴルトンのやり方では100以上の標本をとりあつかえなかったため、私はピアソンにアドバイスを求めました。
ウェルドンが描いたカニの絵

ウェルドンのためにピアソンは、度数分布を一定の方式でとりあつかえる方法を開発しました。正規分布を使わない形で大標本をとりあつかえるようにしたのです。

モーメント法

経験的な分布の形を求め、記述するにはどうしたらいいでしょうか。

ピアソンは1892年、**モーメント法**をもとにした統計手法の開発をはじめました。この「モーメント」というのはもともと機械分野の用語で、支点などにおける回転の力を計るものです。統計学におけるモーメントは平均です。モーメントは算出方法が算術平均と同じなのです。ピアソンは、(力学的な) 力を相対度数分布関数 (階級ごとの割合を並べた棒グラフのこと) で置き換えました。

1次モーメントは算術平均をあらわす。
2次モーメントは偏差の2乗の平均をあらわす。
私は1918年、これを「分散」と名づけました。
ピアソン
3次モーメントは偏差の3乗の平均(歪《わい》度《ど》) をあらわす。
4次モーメントは偏差の4乗の平均をあらわす。
R.A.フィッシャー

ピアソンは図で表現するのが大好きで、モーメント法を弟子に説明するときにも機械を例にしました。算術平均の計算では、棒がバランスする支点をさがすという説明でした。算術平均とは、機械でいうところの「均衡点」であり、重心に相当するというわけです。

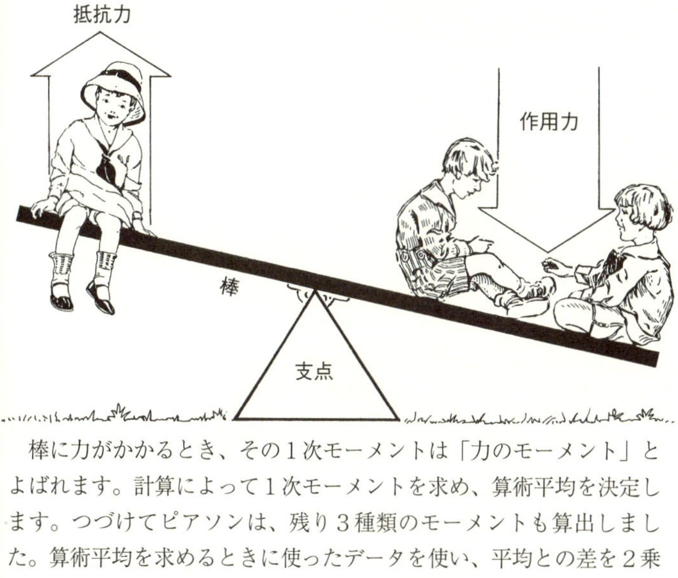
抵抗力
作用力
棒
支点

棒に力がかかるとき、その1次モーメントは「力のモーメント」とよばれます。計算によって1次モーメントを求め、算術平均を決定します。つづけてピアソンは、残り3種類のモーメントも算出しました。算術平均を求めるときに使ったデータを使い、平均との差を2乗して標準偏差の2乗を求めたのです（109〜112ページ参照）。

これを「標準偏差の2乗」とよぶことにした。

分布の歪度については、平均との差を3乗し、3次モーメントを算出します。分布が歪むと、一般に算術平均がテール側にずれます。

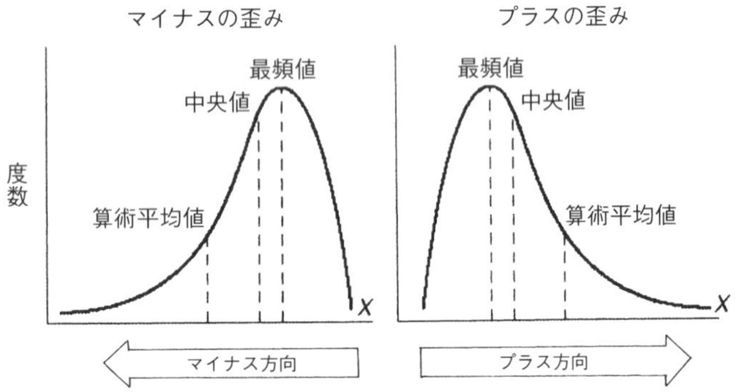
マイナスの歪み
プラスの歪み
度数
最頻値
中央値
算術平均値
最頻値
中央値
算術平均値
X
X
マイナス方向
プラス方向

歪度
歪度が0のとき、分布は左右対称になる。
マイナスのとき、分布はマイナス側に歪む。
プラスのとき、分布はプラス側に歪む。

歪度についてピアソンは、算術平均値と最頻値の差をとり、それを標準偏差で割る形で非対称性を算出しました。

$$\text{歪度}=\frac{\text{算術平均値}-\text{最頻値}}{\text{標準偏差}}$$

4次モーメントは、平均との差を4乗して求めます。分布のとがり具合を示すことから尖度《せんど》とよばれ、この式には3つの項があります。

データが算術平均のごく近くに集まっているものを「急尖的分布」とよぶ。
データが全体に散っているものを「緩尖的分布」とよぶ。
データが正規曲線になるものを「中尖的分布」とよぶ。
・尖度
・マイナスの値＝ピークが緩い（緩尖的分布）
・プラスの値＝ピークが鋭い（急尖的分布）
・ゼロ＝対称形（中尖的分布）

「スチューデント」というペンネームを使うピアソンの弟子、**ウィリアム・シーリー・ゴセット**（1876-1937）は、緩尖的分布をカモノハシ、急尖的分布をしっぽの長いカンガルーが２匹、向かい合っている形だとしました。

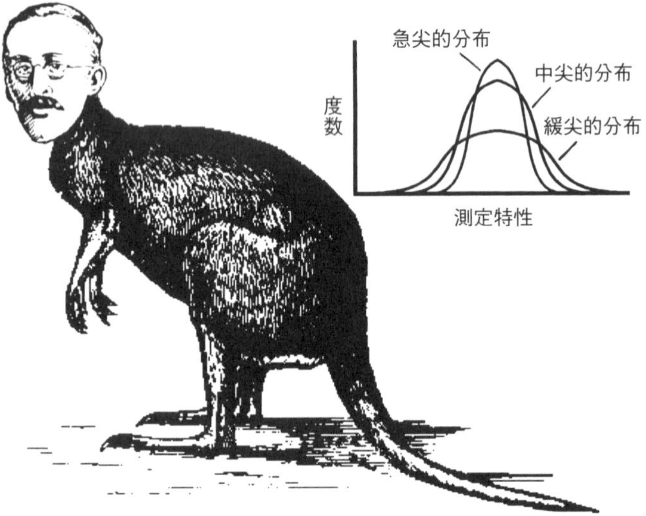
急尖的分布
中尖的分布
緩尖的分布
度数
測定特性

緩尖
急尖

「日常的分析における誤り」という論文に「スチューデント」が描いたイラスト

モーメント法をもとにピアソンは、曲線の当てはめに利用できるパラメーターを４つ生み出したわけです。つまり、データの集まり具合を示す算術平均、ひろがり具合を示す標準偏差、対称性を示す歪度、分布のとがり具合を示す尖度です。この４つのパラメーターだけで分布の基本的な特性があらわせるという、シンプルでエレガントな方法です。このパラメーターは、分布がどのような形であっても、統計データのセットを解釈する場合に必要不可欠な統計ツールとして今も使われています。

自然淘汰：ダーウィン分布の形状変化

ダーウィンは、自然淘汰の前は度数分布が「算術平均を中心に対称」（正規分布）であり、自然淘汰が進むと対称性がおちると考えました（繁殖が進むと分布は正規曲線にもどりますが、算術平均が過去とは異なるものになります）。

進化の機構である自然淘汰は、ダーウィンのいう適応度（環境への適合性）が異なるからおきるとされており、一般に繁殖率と死亡率であらわされます。
つまり、環境によく適合した生物が生き残り、遺伝によって形質を次代へ引き継ぐことが多いわけだ。うまく適合できなかった生物は消えてゆくことが多い。

分布のとがり具合（ピアソンのいう尖度）が変化する場合、現状維持の力となる安定性淘汰の進行が考えられます。

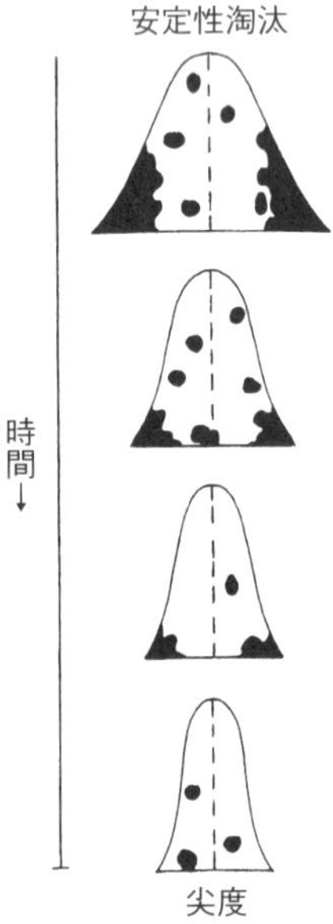

自然淘汰前は、一番上の正規分布です。時間が経過すると黒い部分に淘汰の圧力がかかり、最終的には一番下のような分布になるわけです。淘汰の圧力とは、ある環境に生息する生物に対し、その挙動や環境適合性を変化させる現象です。これが進化や自然淘汰を推進するのです。

人間の場合、出生時の体重に安定性淘汰がかかります。新生児死亡率が一番低いのは真ん中あたりの体重で、それより重くても軽くても死亡率は高くなるのです。

分布が双峰になる場合、分布の中央に不利で両端に有利な分断性淘汰がはたらいていることになります。分断性淘汰には、西アフリカにいるアカクロタネワリキンパラの例があります。小さくて柔らかい種を食べるくちばしの小さなタイプと、大きくて堅い種を食べるくちばしの大きなタイプに分かれたのです。

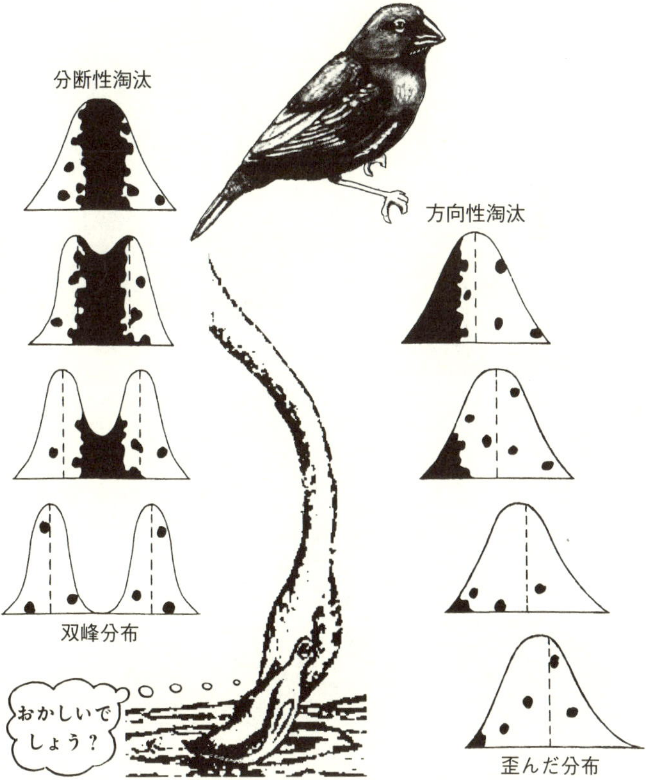
分断性淘汰
双峰分布
方向性淘汰
歪んだ分布
おかしいでしょう？

分布が一方向に歪む場合、方向性淘汰が進んでいることになります。分布の一方の端のほうが他方の端よりも適応度が高いわけです。

オオシモフリエダシャク

方向性淘汰の例として有名なのが、オオシモフリエダシャクです。産業革命以前からイングランドに多くいた羽がまだらで白っぽい蛾です。1849年に真っ黒な変種が見つかりましたが、当時はめったに見かけない珍しい色でした。

マンチェスターやリーズなど、産業革命の先頭を走っていた街は大気汚染がひどく、有害ガスやすすで木の幹が真っ黒になっていました。
そのような木にとまったとき、色が黒い蛾は見えにくいため、生存の可能性が高くなります。これに対して、もとのまだらな蛾は簡単に見つかり、鳥に食べられてしまいます。
(137ページ参照)

100年もたたないうちに、産業化が進んだ北部では真っ黒な蛾が90%を占めるようになりました。もともとのオオシモフリエダシャクの色は正規分布でしたが、生息域に汚染がひろがると正規曲線が右に移動し、分布が歪んだわけです。

ピアソン分布系

モーメントの計算から、ピアソンはさまざまな形の理論的曲線を提唱しました。経験から得られた曲線にこの曲線を重ね、どれが一番よく「フィットする」のかを見るわけです。これらの曲線はまとめて「ピアソン分布系」などとよばれます。

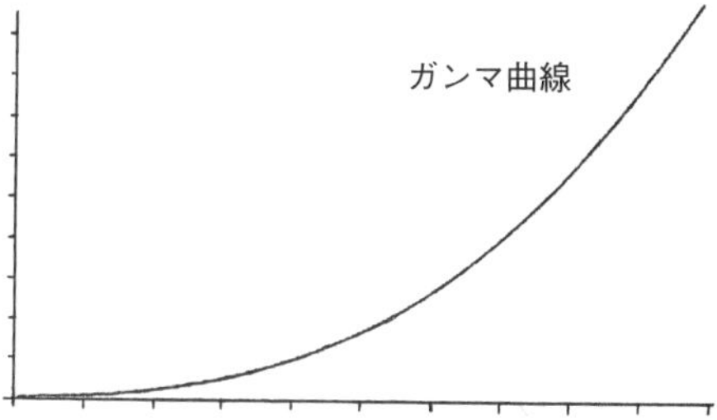
ガンマ曲線

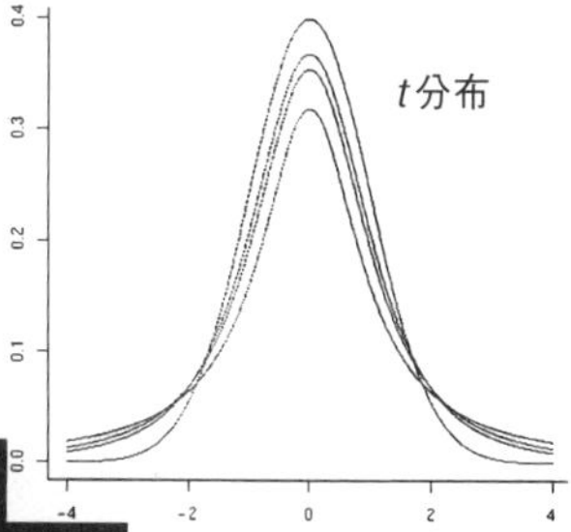
t分布
0.0
0.1
0.2
0.3
0.4
-4
-2
0
2
4

現在も理論統計学で重要な役割を果たしている曲線を紹介しよう。

ピアソンⅢ型――ガンマ曲線。カイ2乗分布（後述）の発見にも使われた曲線です。

ピアソンⅣ型――非対称曲線のセット（ウェルドンのデータを使って作成）

ピアソンⅤ型――正規曲線

ピアソンⅦ型――スチューデントのt分布（後述）

生物的、物理的、社会的な現象の変動について、その数学モデルにかならず正規分布を使おうという流れがありましたが、ピアソン分布が登場した結果、それが大きく変化しました。

チャーチル・アイゼンハルト
（1913-1994）

データはどのように解釈するのか？

統計学では、まず全体的な変動のパターンを把握し、そのパターンに対する大きなズレをさがします。

バラツキの統計的計測

数理統計学のかなめはバラツキの測定です。バラツキを統計的に測定する方法をはじめて提唱したのはゴルトン。1875年のことでした。彼が提唱したのは、次式であらわされる「四分位偏差」です。

$$\frac{Q3-Q1}{2}$$

四分位数というのは、分布におけるある点を意味します。

1％～25％	26％～50％	51％～75％	76％～100％
Q1	**Q2**	**Q3**	**Q4**
第１の四分位数	第２の四分位数	第３の四分位数	第４の四分位数

四分位偏差

ゴルトン

ゴルトンの中央値と同じように、この方法も簡単に使えるのが特長です。また四分位偏差も異常値の影響を受けません。

2 3 4 6 **6** 8 9 11 **12** 14 14 15 **17** 18 19 21 **82**

Q1（6）　**Q2**（12）　**Q3**（17）　異常値（82）

よって、四分位偏差$=\frac{17-6}{2}=\frac{11}{2}=5.5$

四分位数間範囲

この方法は、データを順番に並べたとき、中央の50％（中央値）がどのくらい分散しているのかを知りたいときに幅広く使われています。たとえば、

1 1 3 4 **4** 5 5 6 **6** 7 7 8 **8** 9 9 9 10
Q1 **Q2** **Q3**

四分位数間範囲＝Q3－Q1、つまり8－4＝4となります。言い換えると、中央値（Q2）は6であり、4ポイントの範囲にちらばっているわけです。バラツキを簡単な手計算でだいたい把握できる方法として、パソコン用統計ソフトが登場する1970年代末までひろく使われていました。

四分位偏差と同じように、四分位数間範囲も異常値の影響を受けません。

2 3 4 6 **6** 8 9 11 **12** 14 14 15 **17** 18 19 21 **82**
Q1 **Q2** **Q3** **異常値**

四分位数間範囲＝Q3－Q1、つまり17－6＝11で、12を中央値として11ポイントの範囲に分散していることがわかります。

範囲
THE RANGE

4、7、12、25、34の範囲は、34−4=30となる。

1892年、統計学に関する講座をはじめたとき、ピアソンはバラツキを計る簡便な方法として、**範囲**という概念を導入しました。範囲とは最大値と最小値の差であり、データのひろがりをイメージできるものです。

給与の範囲、年齢の範囲、温度の範囲など、一般向けにデータをまとめるときに使うのさ。

範囲は計算が簡単という長所がある反面、バラツキの表現方法として信頼性が低いという問題があります。理由は、データのすべてを使うわけではないこと、そして異常値の影響を受けることです。

11月のある週、気温が2、6、8、12、10、12、26℃だったとすると、範囲は26−2=24となる。

この24℃というのは、11月の週間気温の範囲を表現する数字として適切だとはいいがたいでしょう。26℃というのはあまりに気温が高く、異常です（地球温暖化を意味しているのかもしれませんが）。

標準偏差

ピアソンは1893年1月31日、統計学の講座において**標準偏差**という考え方を導入します（じつはこの少し前、ジョン・ヴェンが偏差を「逸脱」とよんだため、最初は「標準逸脱」という言葉を使っていました）。標準偏差とはバラツキをあらわすものです。データがどのくらい密集あるいは分散しているのか、また各データの値が平均（算術平均）からどのくらいずれているのかがわかるのです。

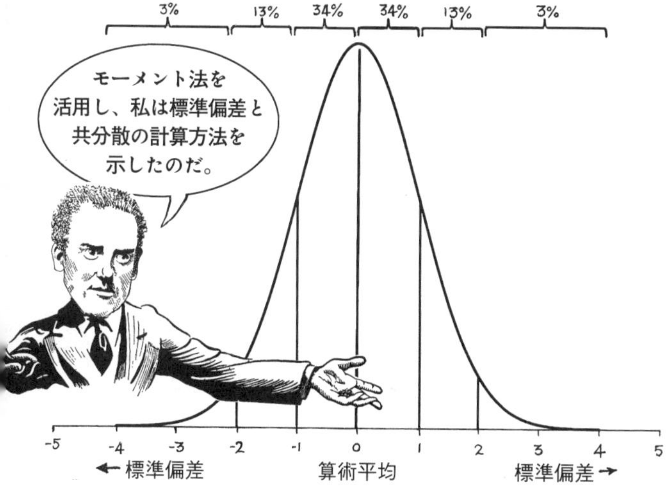
3%
13%
34%
34%
13%
3%
モーメント法を活用し、私は標準偏差と共分散の計算方法を示したのだ。
-5
-4
-3
-2
-1
0
1
2
3
4
5
← 標準偏差
算術平均
標準偏差 →

共分散は、2種類の確率変数がどの程度同じ挙動を示すのかをあらわします。2種類の確率変数が同じ向きに動く傾向が強ければ共分散がプラスになり、逆向きに動く傾向が強ければ共分散がマイナスになります。まったく関係なく勝手に動く場合は共分散がゼロになります。

ゴルトンの四分位数間範囲では、２点あるいは３点のデータしか考慮できませんでしたが、ピアソンが標準偏差を導入した結果、すべてのデータを考慮に入れて分布のバラツキを計れるようになりました。

標準偏差は算術平均からの偏差とその偏差の度数を示します。
この方法は、バラツキを計る重要な統計手法として今もひろく使われています。

$$\text{標準偏差} = \sqrt{\frac{(\text{データ値} - \text{算術平均})^2\text{の合計}}{\text{観測点数}}}$$

数学的には次式であらわされます。

$$s = \sqrt{\frac{\Sigma(X - \bar{x})^2}{n}} \quad (\bar{x} = \text{算術平均})$$

つまり、標準偏差とは偏差を２乗したものの算術平均の平方根なのです。

データを単純に足し合わせ、算術平均を算出して終わるのではなく……
（1）データ値（X）から算術平均を引き、「偏差」（小文字のxであらわす）とします。
（2）偏差を2乗して、偏差がプラス・マイナスであることの影響をとりのぞきます。
（3）偏差を2乗した値を足し合わせて偏差2乗の平均を求め、その平方根をとります（標準偏差）。

元データ－算術平均＝偏差　　　　偏差の2乗

X	$\bar{x}$	x	x^2
12	8	4	16
10	8	2	4
6	8	-2	4
8	8	0	0
4	8	-4	16
40			40

標準偏差の算出

$$s=\sqrt{\frac{\Sigma x^2}{n}}=\sqrt{\frac{40}{5}}=\sqrt{8}\fallingdotseq 2.83$$

このデータセットの場合、平均値は8、標準偏差は2.83であり、標本のバラツキが小さいことがわかります。

Σはシグマと読み、出現する組み合わせすべての合計をあらわします。

たとえば　$\Sigma x=x_1+x_2+x_3+\cdots+x_n$

標準偏差の単位は
元データと同じ
なのね。
つまり、
フィート、インチ、
センチメートルで
測ったもの
なら……
……標準偏差
もフィート、インチ、
センチメートルの
単位になるとい
うことよ。

算術平均値とくらべて標準偏差の値が大きい場合、度数分布が平均から遠くまでちらばる形になります。逆に標準偏差が小さければ、観測結果に大きな変動がなく、平均のまわりに密集していることを意味します。このように標準偏差は、グループ全体が算術平均からどれほど変動しているのかをあらわすことができますが、あるグループの変動幅をあらわすものではありません。

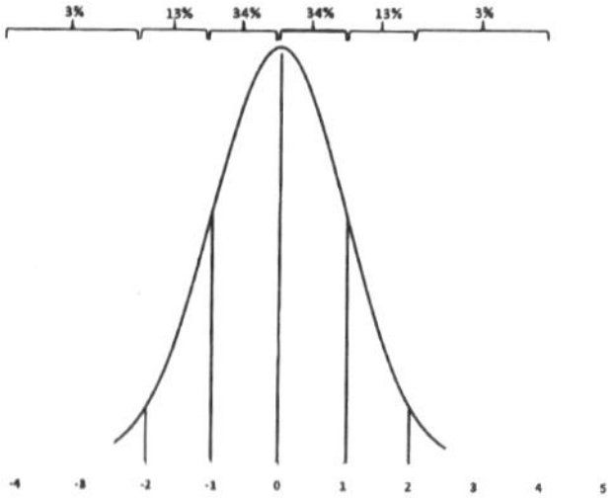
3%
13%
34%
34%
13%
3%
-2
-1
0
1
2
3
4
5

標準偏差小

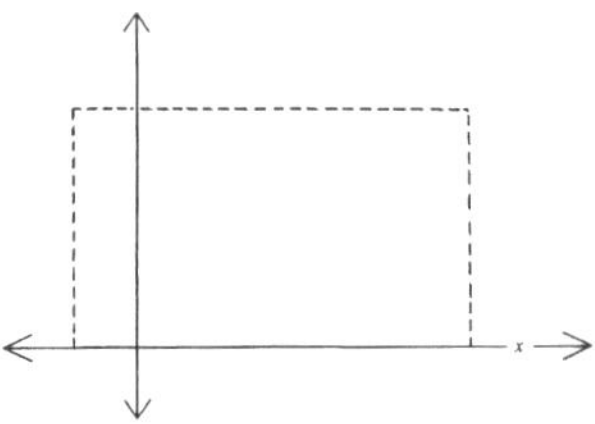
x

標準偏差大

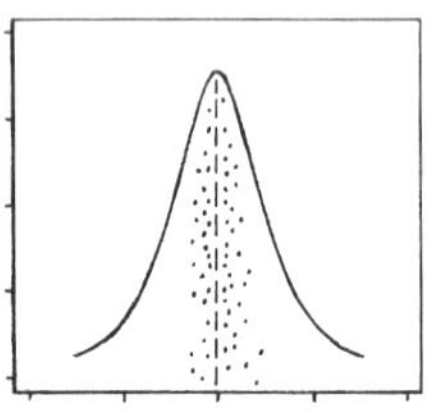

算術平均

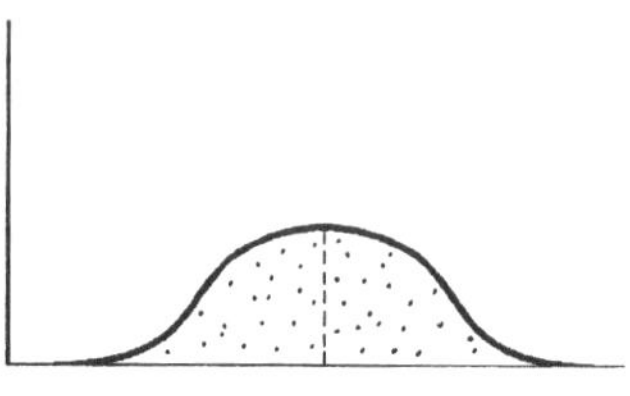

算術平均

バラツキをあらわすのは標準偏差ですが、分散分析（177～180ページ参照）などの理論的な作業では分散が使われます。

分散もバラツキをあらわすものですが、こちらは確率変数に適用し、確率変数の値が期待値*からどのくらいずれるのかをあらわします。

標準偏差と同じ例で説明しましょう。

$$分散 = \frac{(データ値 - 算術平均)^2の合計}{観測点数}$$

数学的には次式であらわされます。

$$s^2 = \frac{\Sigma(X - \bar{x})^2}{n}$$

分散の算出

$$s^2 = \frac{\Sigma x^2}{n} = \frac{40}{5} = 8$$

*期待値とは、確率的に同じ試行を無作為に繰り返したとき、その結果として「期待」される平均値を意味します。

標準偏差では、グループにおけるバラツキの範囲があらわせません。ではピアソンは、あるグループの変動幅をどのような方法であらわし、また算術平均が大きく異なるほかのグループとの比較をどのような方法でおこなったのでしょうか。そのためには、また別の統計手法が必要でした。

1886年に男性と女性の身長を測定したとき、この問題に直面しました。
ゴルトン
シークレットインソール
身長の変動は男性と女性、どちらが大きいのかを計ろうと思ったのです。

ゴルトンは、女性の平均身長が男性の平均身長に相当するよう調整してから偏差を比較するという方法を採用しました。女性の身長に1.08という定数を掛けて男性相当へと変換したのです。

変動係数

これに対してピアソンは、偏差を同じ比率で変化させるほうが男性と女性の身長をよく比較できると考えました。センチメートルやインチで測れる標準偏差を使うだけでも、算術平均値が大きい男性のほうが全体に身長が高いと示すことができます。しかし、これでは次のような疑問に答えることはできません。

ウェルドン
グループ内でバラツキが大きいのはどの種類？

この疑問に答えるため、ピアソンは**変動係数**というものを考え、この数字を使ってウェルドンのエビやカニのバラツキ程度を求めました。

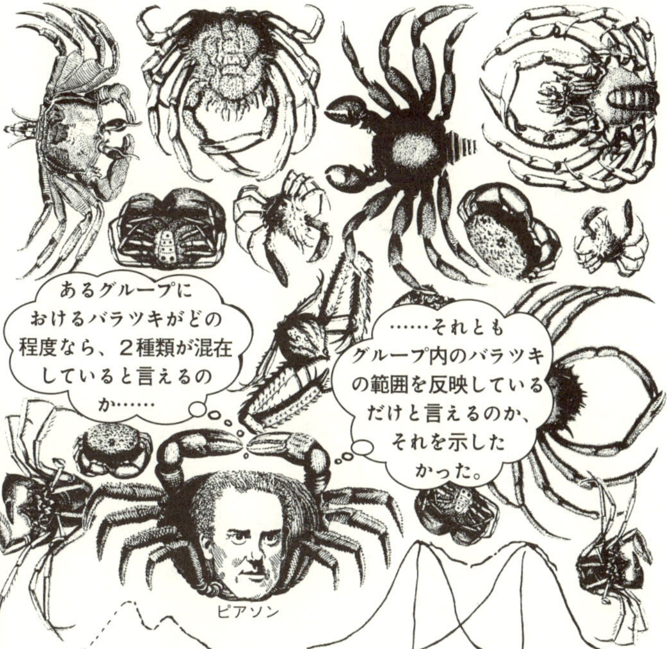
あるグループにおけるバラツキがどの程度なら、2種類が混在していると言えるのか……
……それともグループ内のバラツキの範囲を反映しているだけと言えるのか、それを示したかった。
ピアソン

ウェルドンの双峰曲線　　ウェルドンが行った正規曲線への分解

ピアソンの変動係数は、算術平均に対する標準偏差の大きさを百分率であらわすという方法でした。標準偏差はバラツキの絶対的な尺度ですが、こうして得られた変動係数は、バラツキの相対的な尺度になります。ピアソンも強調していることですが、ここで大事なのは、相対的なサイズの違いが、算術平均だけでなく平均からの偏差にも影響をあたえる点です。

$$\text{変動係数} = \frac{\text{標準偏差}}{\text{算術平均}} \times 100$$

この方法なら、内部のバラツキが大きいグループを知ることができる。
ピアソン

変数のバラツキを比較する

変動係数には単位がありません。そのため、単位の異なる変数同士でバラツキを比較することができます。たとえば摂氏で計ったロンドンの気温と、華氏で計ったニューヨークの気温を比較し、どちらの週間変動が大きかったのかを判断できるのです。

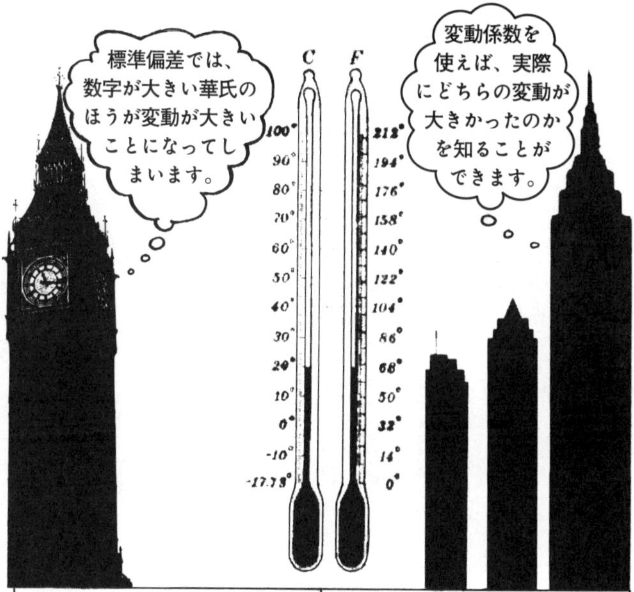

標準偏差では、数字が大きい華氏のほうが変動が大きいことになってしまいます。
C
F
100°
90°
80°
70°
60°
50°
40°
30°
20°
10°
0°
-10°
-17.78°
212°
194°
176°
158°
140°
122°
104°
86°
68°
50°
32°
14°
0°
変動係数を使えば、実際にどちらの変動が大きかったのかを知ることができます。

ロンドン	ニューヨーク
摂氏	華氏
15	40　月曜日
19	60　火曜日
20	70　水曜日
13	55　木曜日
24	75　金曜日
18	65　土曜日
21	70　日曜日

変動係数の応用

この方法は、工業、マーケティング、経済などの分野で今もひろく利用されています。たとえばウールメーカーは、変動係数を活用して繊維の直径や糸のバラツキを計算します。

こうして得た値は、繊維の直径の均一性を標準化した尺度(優良、可、不可)として使います……

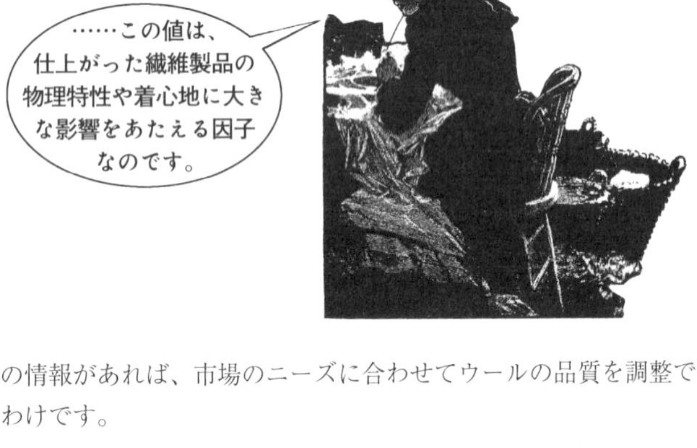
……この値は、仕上がった繊維製品の物理特性や着心地に大きな影響をあたえる因子なのです。

この情報があれば、市場のニーズに合わせてウールの品質を調整できるわけです。

ピアソンの測定尺度

相関や検定の手法を開発するにあたってとても重要だったのが、測定尺度の識別です。ゴルトンやウェルドン、ピアソンがデータの分析をはじめたころ、データはすべて「連続」だと考えてよいものでした。その後ピアソンは、1899年ごろ、「不連続」な離散変数の関係を計測する統計係数の研究をおこなうようになります。

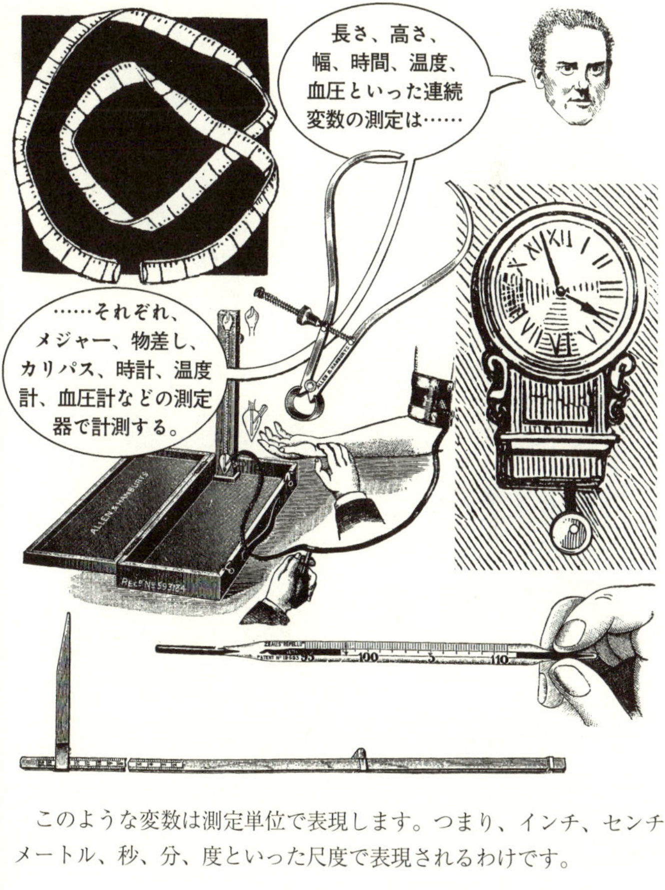
長さ、高さ、
幅、時間、温度、
血圧といった連続
変数の測定は……
……それぞれ、
メジャー、物差し、
カリパス、時計、温度
計、血圧計などの測定
器で計測する。
ALLEN & HANBURYS
100
110

このような変数は測定単位で表現します。つまり、インチ、センチメートル、秒、分、度といった尺度で表現されるわけです。

名義尺度と順序尺度

ヒトの目の色の遺伝、馬や犬の毛の色の遺伝について研究をはじめたとき、ピアソンは連続してとりあつかうことができない変数に直面しました。この変数は「数え上げる」ことしかできず、「測定」はできません。目の色を身長や体重、時間などと同じような方法で測定することはできないのです。

ピアソンは、目の色などは**名義尺度**の変数とよぶことにしました。

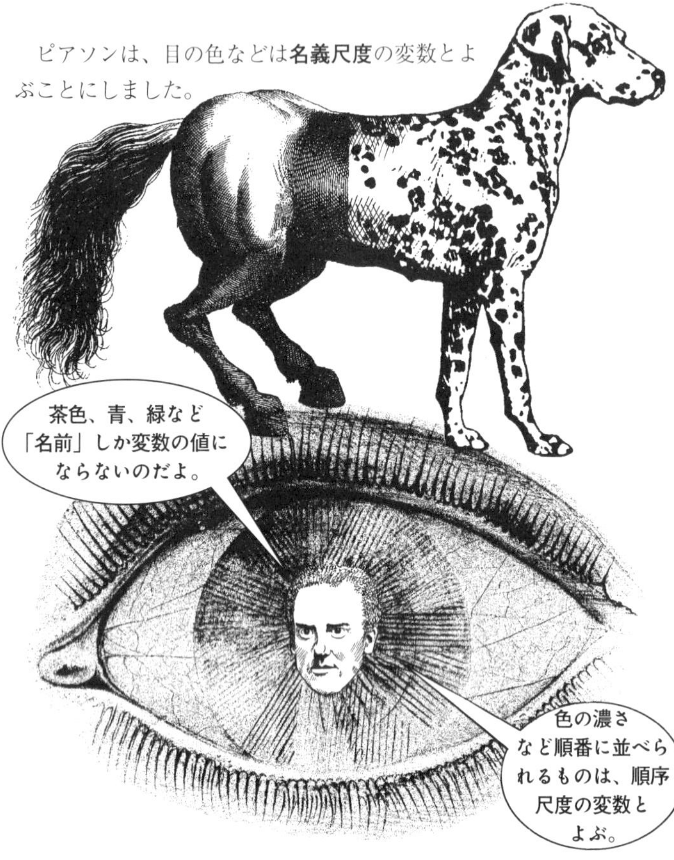

茶色、青、緑など「名前」しか変数の値にならないのだよ。
色の濃さなど順番に並べられるものは、順序尺度の変数とよぶ。

宗教や支持政党、社会経済的身分など、人口学でとりあつかう変数の大半は名義尺度の変数です。

順序尺度の変数は、順番に並べて適当な名前をつければOKです。順序尺度の例としては、ドイツの鉱物学者、フリードリヒ・モースが1822年に発表したモース硬度などがあります。

硬度	鉱物	絶対硬度
1	滑石	1
2	石膏	3
3	方解石	9
4	蛍石	21
5	燐灰石	48
6	正長石	72
7	石英	100
8	トパーズ	200
9	コランダム	400
10	ダイヤモンド	1500

モース硬度は一番硬いダイヤモンドから軟らかい滑石まで、10種類の鉱物でできており、物体の硬度、つまり傷のつきにくさを示すものだ。
硬度の違いが一定である必要はない。ダイヤモンドは滑石の10倍硬いというわけではなく、ただ鉱物の中で最も硬いというだけのことだ。
有効で意味のある統計的結果を得るためには、検討するデータのタイプに合った統計手法を使う必要があります。

比例と間隔

「連続変数」については、アメリカの心理学者、**スタンレー・スミス・スティーヴンズ**（1906–1973）が1947年に間隔尺度という尺度水準を導入しました（ピアソンの連続変数は基本的に比例尺度でした）。スティーヴンズが提案した尺度を紹介しましょう。

1．比例尺度

比例尺度は、間隔尺度（次ページ）と２つの点で異なります。ひとつは、測定対象の特性（高さ、重さ、血圧など）がないことを意味するゼロ値がある点、もうひとつは累積的である点です。

だから、「高さが２倍」とか「距離が３倍」といえるわけです。
S.S.S.
メートル法も英国単位系も絶対単位系なので、３フィートと６フィートの違いはメートル法の0.91メートルと1.82メートルの違いに等しくなります。
どちらも２倍の長さだからね。

2．間隔尺度

任意のポイントをゼロとすることが可能で、特性が存在しないことを意味しません（0℃や0°Fのように）。

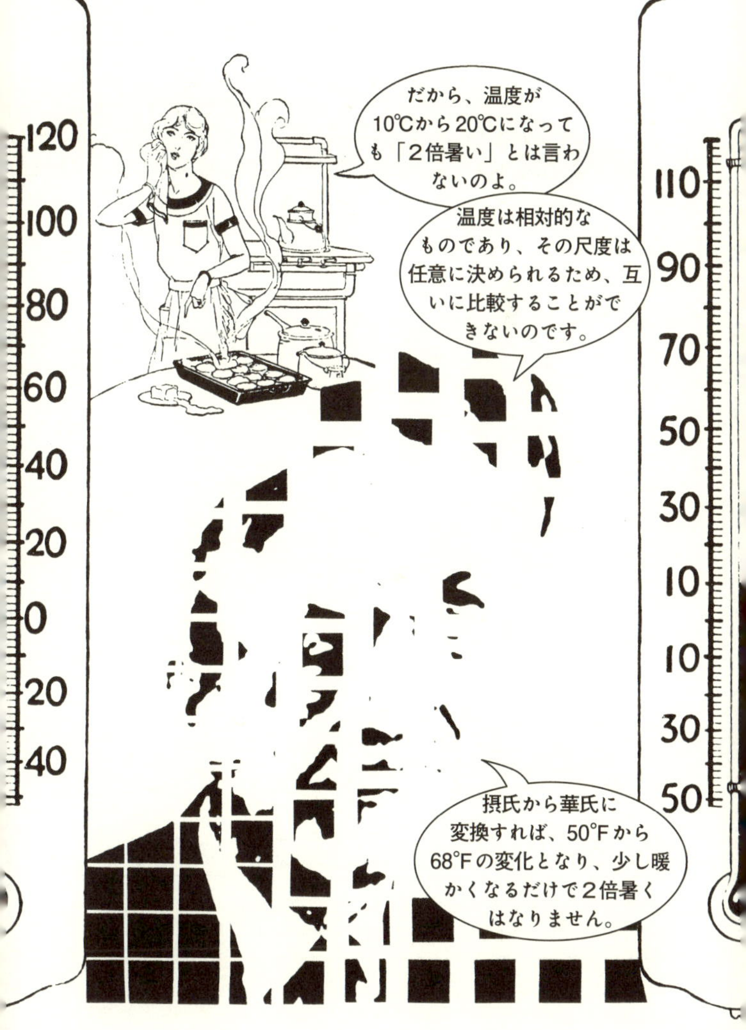
だから、温度が10℃から20℃になっても「2倍暑い」とは言わないのよ。
温度は相対的なものであり、その尺度は任意に決められるため、互いに比較することができないのです。
摂氏から華氏に変換すれば、50°Fから68°Fの変化となり、少し暖かくなるだけで2倍暑くはなりません。

相関

相関とは、とてもよく使われる統計手法のひとつで、身長と体重など２つの変数がどのくらい一緒に変動するのかを示します。２変数の直線相関が最も一般的で、この場合、２変数の関係は直線であらわすことができます。

ペアとなる特性や変数のすべてをひとつの統計的相関で評価できるわけではなく、生物学、医学、行動学、社会学、環境科学、さらには工業、商業、経済、教育などの分野でさまざまな種類の相関が利用されています。

測定の尺度に応じて、異なる変数には異なる種類の相関が利用されるのです。

変数は、名義尺度、順序尺度、間隔尺度、比例尺度といろいろあります。
1950
1970
2010
０か１といった二値で表されるものや二者択一の二分法など、特殊な手法でないと相関がとれない種類のデータもあります。

ピアソンは、さまざまな種類の変数について相関手法を開発しました。

昔の相関の利用方法

「相関」という言葉は、相関関係を測定する手法が開発される100年も前から使われていました。最初に使ったのは生物学者の**ビュフォン**伯爵（1707–1788）。それをさらに進めたのが**ジョルジュ・キュヴィエ**男爵（1769–1832）で、キュヴィエ男爵は1801年に「部分の相関」という概念を提案しました。

生物は全体が調和した存在であり、歯や爪、大腿骨など、その一部を見れば部分の相関によって動物全体を再構築することが可能だ。
キュヴィエ
ビュフォン

チャールズ・ダーウィンは、キュヴィエ男爵が提唱する相関という考え方を重要視し、ある臓器の大きさが別の臓器の関数だとする関数相関や、成長初期に発現し発育に影響をあたえる発育相関などを検討しました。

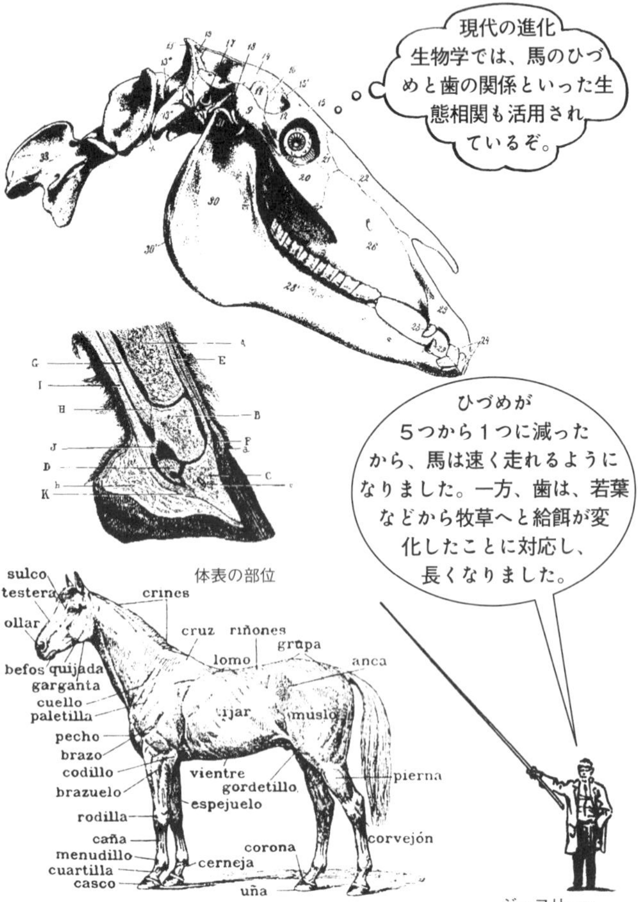

ジェフリー・エインズワース・ハリソン

因果関係と擬似相関

相関関係の測定方法を最初に開発した人物はフランシス・ゴルトンでした。グラフを作成して、２世代のスイートピーの関係を調べようとしたのです。

ゴルトンが相関という概念を提出するまで、２つの事象の関係は物理科学を中心に**因果関係**が主体となっていました。

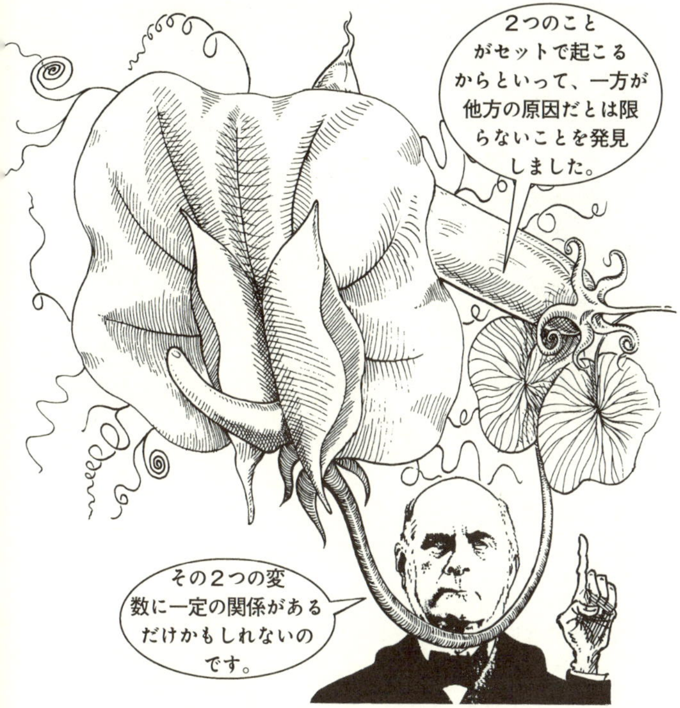
２つのことがセットで起こるからといって、一方が他方の原因だとは限らないことを発見しました。
その２つの変数に一定の関係があるだけかもしれないのです。

ゴルトンに出会うまでピアソンは、数学は因果関係によって決定される自然現象にのみ適用可能だと考えていました。しかし生物学を中心に、因果関係ではなくゴルトンの相関関係を採用すべきだと思うことが増え、ピアソンは反因果関係主義へと軸足を移してゆきます。宇宙はいわゆる因果律で動いているのではなく、さまざまな現象はむしろバラツキによって説明すべき部分が多いと考えるようになったのです。

弟子に対しピアソンは、相関関係を因果関係と解釈してはならないと注意していました。同時に、「あらゆる関係を原因と結果で解釈する人は、一見何の関係もない２種類の特性に相関関係が存在するという考え方にショックを受けるはずだ」とわかってもいました。そもそも、ＸがＹを引き起こしているのか、ＹがＸを引き起こしているのか、因果の向きはわからないわけです。

ピアソン
相関のすべてが真というわけではない。まったく無意味でありながら、数学的には完璧な相関というものも考えられる。
それを私は擬似相関とよぶ。

数学的に完璧な相関は、２種類の変数の相関がとても高いというだけで、因果関係を意味するわけではありません。「潜在変数」とよばれる第３の変数の影響による、擬似相関あるいは錯覚相関とよばれるものかもしれません。年収と大学時代の成績には強い相関がありますが（成績がいいほど年収が高い）、この相関は、努力をするタイプかどうかという第３の潜在変数によるものかもしれません。

パス解析と因果関係

進化生物学者のシーウォル・ライトは、相関関係というピアソンの考え方を拡張して因果関係の分析に応用しようと考えました。ピアソンの重回帰（144～148ページ参照）をもとにしたパス解析とよばれる統計手法を開発し、1918年に発表したのです。パス解析では、多くの変数のあいだに因果関係を仮定し、より複雑なモデルを分析することができます。

つまり、数学的モデルや社会科学的モデルを活用すれば、複雑な因果関係にふくまれる相関関係を実験にもとづかないデータから解釈できるということです。
変数間に存在する因果関係を見つけられる可能性があるわけです。
シーウォル・ライト

散布図

相関関係をわかりやすく表示する方法として、散布図とよばれるものがあります。散布図が直線に近い細い長円となる場合、変数のあいだには強い相関があります。普通の長円となる場合はある程度の相関があり、円形となる場合は相関がないことになります。このように相関は関係性の強弱（強い、中くらい、弱い）を計ることができます。

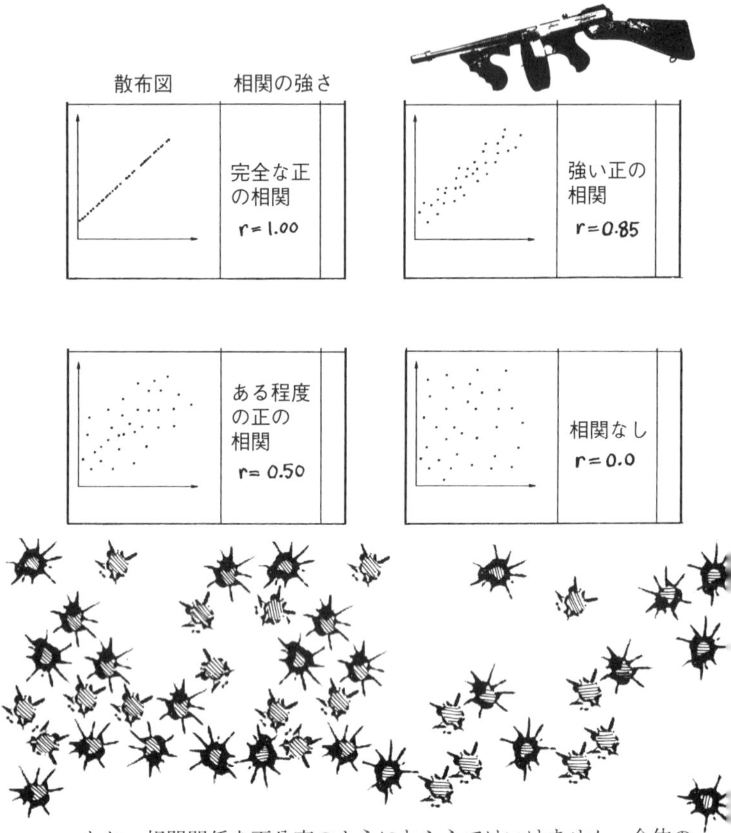
散布図
相関の強さ
完全な正の相関
r=1.00
強い正の相関
r=0.85
ある程度の正の相関
r= 0.50
相関なし
r=0.0

なお、相関関係を百分率のようにとらえてはいけません。全体の80％は全体の40％の２倍ですが、相関係数0.80は0.40よりも相関関係が２倍あることを意味するわけではないのです。

ウェルドンと負の相関

相関係数から変数が関係する向きもわかります。2つの変数は、一緒に上下する場合と（健康な赤ちゃんの身長と体重は一緒に上昇する）、一方の変数が上がると他方が下がる場合（車を速く走らせるほど目的地に到着するまでの時間が短くなる）があります。前者を正の相関、後者を負の相関、あるいは逆相関とよびます。

1896年、私は、「負」の相関や「逆」相関という考え方をピアソンに提案しました。
そう考えれば、相関係数は、最初にゴルトンが考えた0.00から＋1.00という範囲ではなく、−1.00から＋1.00という範囲をとれることになります。

W.F.R.ウェルドンと、その妻であり同僚でもあるフローレンス

散布図	相関の向き
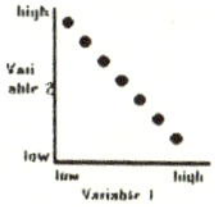 high Variable 2 low low high Variable 1	完全な負の相関
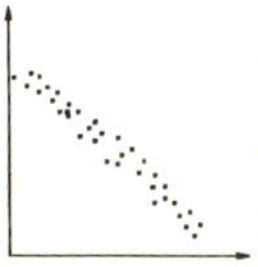	強い負の相関 r= −.80

曲線相関

相関係数がわかれば直線的な関係の強さがある程度わかりますが、それでも散布図が有益なツールであることにかわりはありません。散布図なら、曲線的な関係（曲線相関）もわかるからです。曲線相関を計測するものとして、ピアソンは1905年、相関比という概念を導入しました。

生涯にわたる成長曲線は曲線、子どものころの成長曲線は直線です。赤ちゃんから思春期までは成長がつづきます。身長が伸び髪も増え、知恵もつきますし、敏捷性も柔軟性も高くなります。しかしこれらの属性はやがて減少に転じるため、生涯にわたってみると曲線となります。身長は縮みますし、特に男性は髪の毛が減り、はげる人もでます。敏捷性も柔軟性もおとろえます。

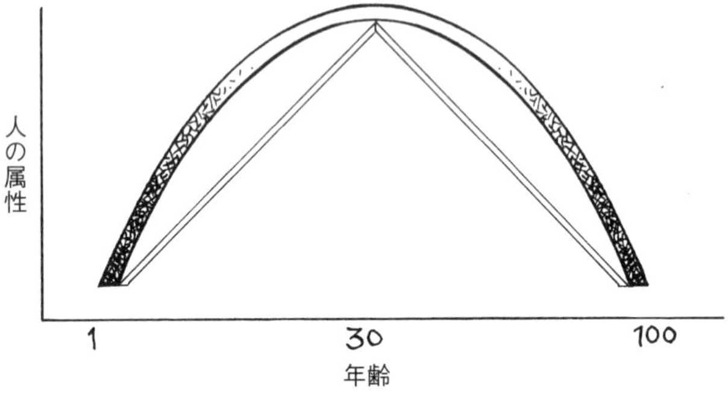

ゴルトンと生物学的回帰

ゴルトンは相関関係に関する研究の前に、回帰について研究をおこなっています。

さまざまな特徴を何世代も子孫が受け継いでゆけるのはなぜだろう……
……一方、子どもが親より背が高かったり低かったり、変化がおきるのはなぜだろうと思ったのです。
ゴルトン

1875年、ゴルトンは、2世代にわたるスイートピーの種子数千組について、種の直径と重量を測定し、子世代の集団は親世代の集団へと回帰し、正規分布にしたがうことを発見しました。親スイートピーの種が大きいほど子スイートピーの種も大きいのですが、親ほどは大きくないのです。つまり、親世代の平均サイズへと回帰してゆくわけです。

スイートピー種子サイズにおける遺伝
ゴルトン —— 王立研究所における発表、1877年

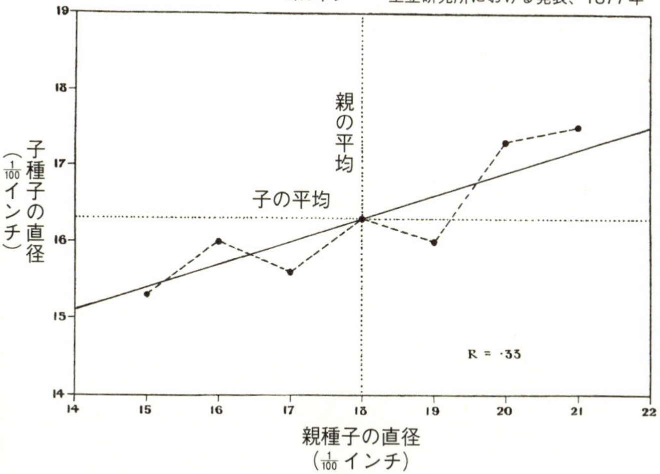
子種子の直径（$\frac{1}{100}$インチ）
親の平均
子の平均
R = ·33
19
18
17
16
15
14
14
15
16
17
18
19
20
21
22
親種子の直径（$\frac{1}{100}$インチ）

ゴルトンのスイートピー回帰直線

平均への回帰

平均への回帰とは、集団全体としては特性が極端な値から平均値に近づこうとする傾向のことです。

ゴルトンは父と成人した息子の身長を測定し、その相関を調べようと考えました。成人してしまえば身長は安定し、測定も簡単だからです。

2方向に相関があり、2本の回帰直線が得られました。1本は親に対する子の回帰直線、もう1本は子に対する親の回帰直線です。

この観察結果はゴルトンにとってパラドックスでした。回帰は1方向だと思っていたからです。ゴルトンは、子の身長が親の身長に影響をあたえる理由を説明しなければならなくなったわけです。

親の平均の偏差に対する子の偏差の比は $\frac{1}{2}$～$\frac{2}{3}$ となる

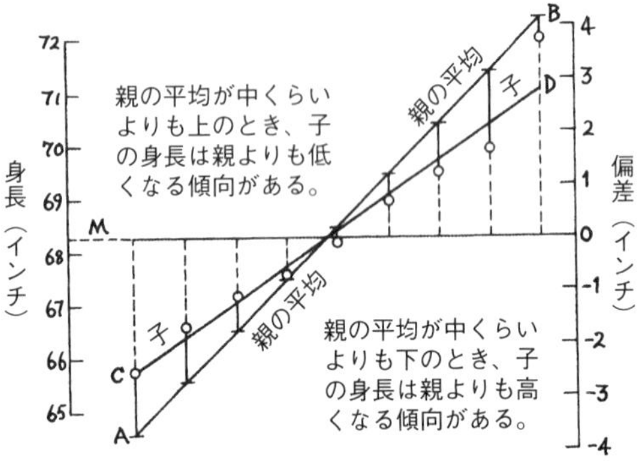
身長（インチ）
72
71
70
69
68
67
66
65
M
A
B
C
D
親の平均
子
親の平均が中くらいよりも上のとき、子の身長は親よりも低くなる傾向がある。
親の平均が中くらいよりも下のとき、子の身長は親よりも高くなる傾向がある。
偏差（インチ）
4
3
2
1
0
-1
-2
-3
-4

ゴルトンが得た２本の回帰直線

父親と息子のあいだに相関関係があることは示せましたが、ゴルトンが得た２本の回帰直線からは、予想と異なる解釈が生まれました。グラフ上側の回帰直線からは、親が平均より身長が高い場合、子は親よりも小さいことが多い——つまり、子の値は平均へと回帰することがわかります。一方グラフ下側の回帰直線から、親が平均より身長が低い場合、子は親よりも大きいことが多い——この場合も平均へと回帰するわけです。

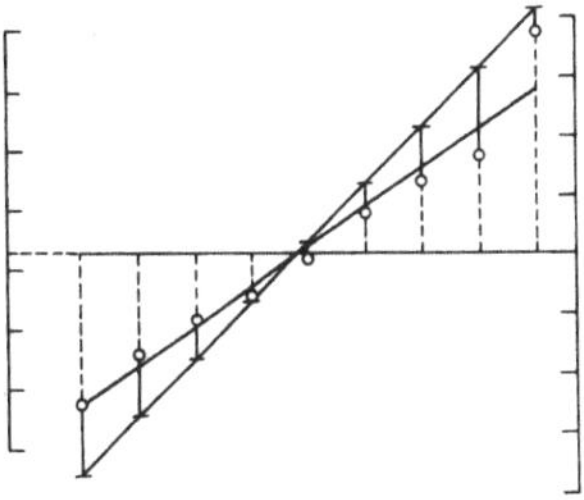

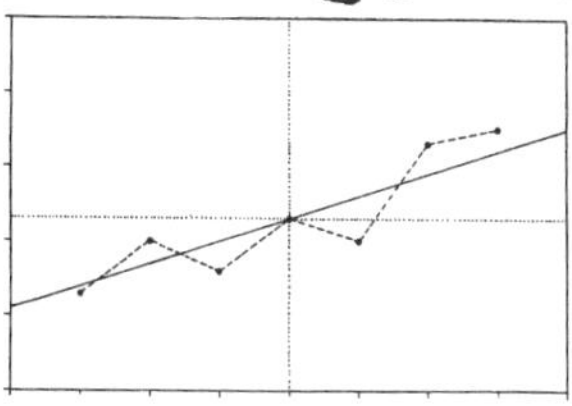

父と息子の身長に関する個別のケースを使い、平均への回帰についてもう少し説明をしましょう。

表A

父親の身長から息子の身長への回帰

父親＝185cm
平均＝168cm
息子＝175cm

表B

息子の身長から父親の身長への回帰

息子＝188cm
平均＝173cm
父親＝168cm

世界一背が高い男ロバート・パーシング・ワドロー（1918–1940）と、普通の大人と子どもがならんだ図

100人の父親とその息子を標本として身長を計測し、平均が168cmであったとき、ある父親の身長が185cmだったとします（表A）。このとき、息子の身長が175cmだとすると、この父親は平均よりも身長が高く、その息子は父親よりも身長が低い、つまり平均へと回帰したことになります。別の親子100組の計測では、ある息子の身長は188cmでした（表B）。父親の身長が平均へと回帰するなら、平均の173cmに近づくことになります。この例で父親は平均よりも身長が低くなっていますが、息子より平均に近づいているといえます。

平均への回帰とは、集団において特性が極端な値から平均値に近づこうとする傾向のことです。そのためゴルトンは、分布は常に正規分布になるという考えを強く信じるようになりました。自然淘汰によって母集団に恒久的な変化はおきない、次世代は常に平均値へと回帰すると考えるようになったのです。

自然淘汰で分布の形が変化したあと、世代を経るとたしかにまた正規曲線になるが、その平均値は変化する（103ページ参照）という点に、ゴルトンは気づかなかったわけです。

とにかく、回帰は母集団のバラツキ（分散）に影響をあたえません。回帰によってバラツキが小さくなることはないのです。

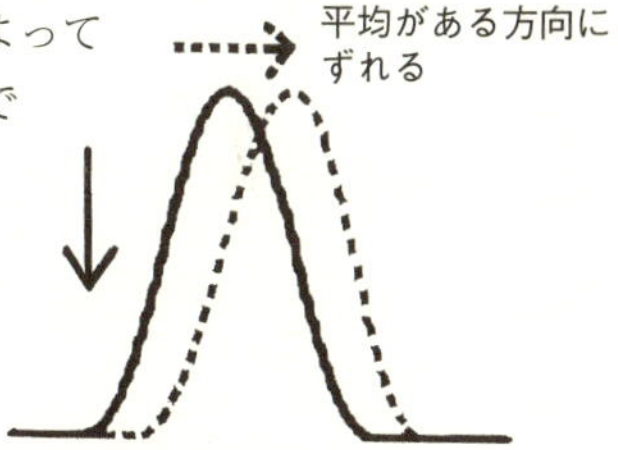

実線：自然淘汰前の分布
破線：自然淘汰によって平均値が変化した分布

ジョージ・アドニー・ユールと最小二乗法

19世紀末、ピアソンの弟子、ジョージ・アドニー・ユール（1871–1951）がそれまでと大きく異なる最小二乗法の使い方を考案し、相関関係や回帰の解釈に新しいアプローチをもたらしました。回帰直線をデータ点に当てはめるとき、誤差の影響を数学的に減らすツールとして最小二乗法を活用したのです。

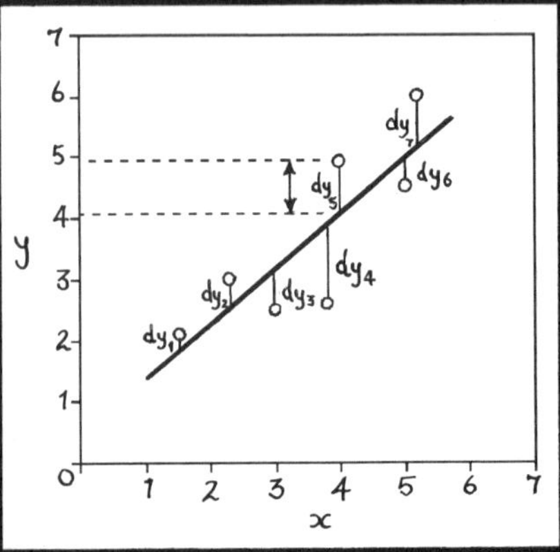
y
x
0
1
2
3
4
5
6
7
dy1
dy2
dy3
dy4
dy5
dy6
dy7

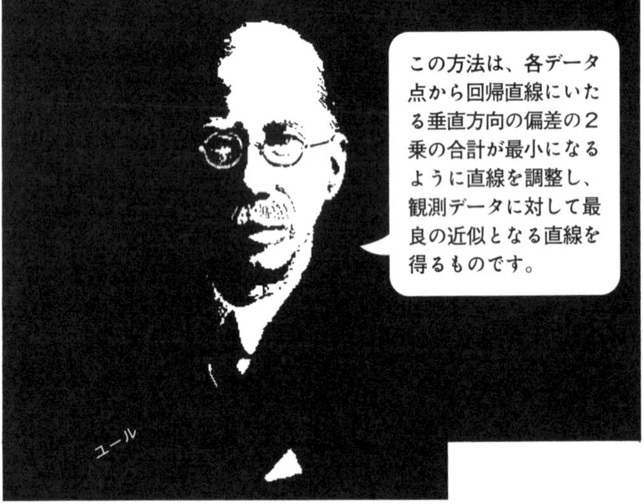
この方法は、各データ点から回帰直線にいたる垂直方向の偏差の２乗の合計が最小になるように直線を調整し、観測データに対して最良の近似となる直線を得るものです。
ユール

最小二乗法が導入された結果、独立変数「X」（検討対象の変数）から従属変数「Y」（影響を受けるほうの変数）を回帰分析によって統計的に推定できるようになりました。
現代の統計学者にとって、回帰とは、最小二乗法を使って２つの連続変数に関する統計的予測をおこなうという……
……線形予測をするためだけの方法といってもいいでしょう。

回帰直線の分析に最小二乗法が使える時代になっても、平均への回帰についてはかなりの混乱がみられます。というのも、最小二乗法を使って未来の結果を予測する場合は回帰直線が１本ですが、ゴルトンの平均への回帰においては回帰直線が２本存在することが忘れられがちだったからです。

相関vs.回帰

ゴルトンが父と息子の身長について相関を測定しようとしたとき、実際に計算したのが回帰直線の傾き、つまり回帰係数であったことに、1896年、ピアソンが気づきました。

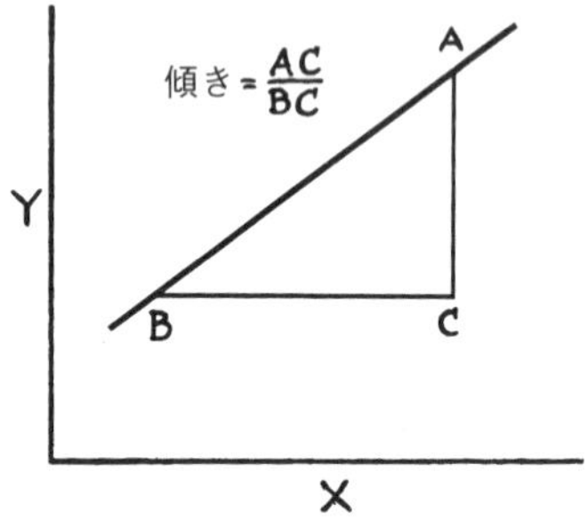

ゴルトンは任意の直線を当てはめ、その直線の傾きが1であるかどうかを見たのです。傾きが1なら、子の身長は親の身長に等しいと予想されます。傾きが1よりも小さければ子の身長は親よりも平均に近く、少し一般的な身長となるわけです。

ゴルトンのジレンマ

ゴルトンは相関を求める数式をつくろうとしていたのに、それが回帰になってしまったのはなぜでしょうか。ピアソンは以下のように説明しています。

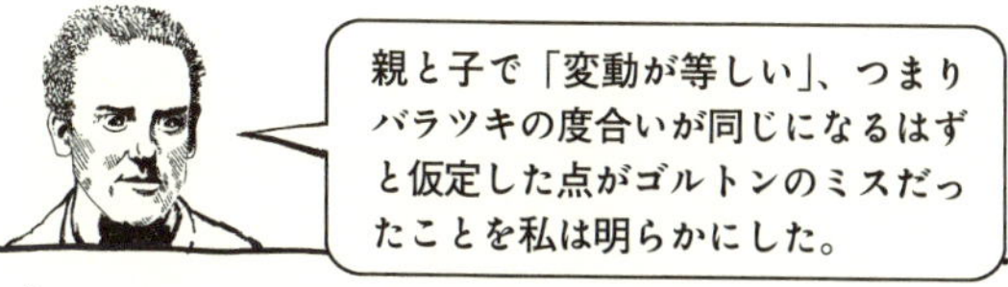
親と子で「変動が等しい」、つまりバラツキの度合いが同じになるはずと仮定した点がゴルトンのミスだったことを私は明らかにした。

ピアソンは、標準偏差を使い、父親のバラツキと息子のバラツキを別々に処理しました。次に、親子で属性（ここでは身長）の標準偏差が等しい数値となるならば、回帰係数も相関係数もまったく同じ数値になることを示しました。ただし、ピアソンも強調したことですが、相関係数と回帰係数は、ほぼまちがいなく異なる値となります。

つまり、ゴルトンは相関と回帰という概念を一緒くたにしていたのです。回帰を一方向性だとしたゴルトンの考え方がまちがいだと示したピアソンは、ヒトの遺伝という限られた対象から回帰を解放し、純粋に統計的概念へと昇華させたのです。ゴルトンの相関式が本当は回帰式であったことを示したピアソンは、ゴルトンが使った「r」という文字を相関係数のシンボルとして採用します。

ピアソンの積率相関係数

モーメント法を基礎として、ピアソンは相関関係を数学的にあらわす式を構築しました。算術平均値からの観測値の偏差をxとyとしたとき、xとyの積から回帰直線の傾きと相関係数について最適な値を算出できることを示したのです。ピアソンは1896年、積率相関係数として次式を提案しました。

$$r=\frac{\Sigma(xy)}{(s_x)(s_y)}=\frac{\text{共分散}}{(x\text{の標準偏差})(y\text{の標準偏差})}$$

共分散、すなわち$\Sigma(xy)$とは、2つの確率変数の偏差がどの程度同じ動きをするのかを示すものです。

このとき、回帰係数は次式であらわされるとピアソンは示しました。

$$b=\frac{\Sigma(xy)}{s^2_x}=\frac{\text{共分散}}{x\text{の分散}}$$

product-moment correlation coefficient＝積率相関係数

R.A.フィッシャー：独立変数と従属変数

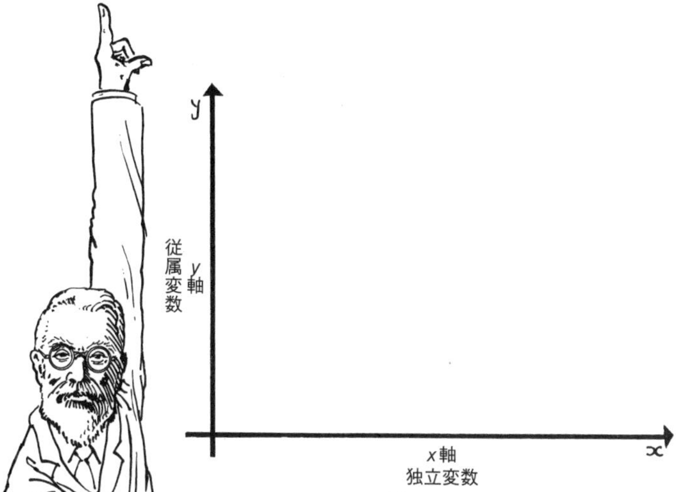

y
y軸
従属変数
x
x軸
独立変数

1925年、ピアソンの表現方法を大きく変化させた人がいます。**R.A.フィッシャー**（1890–1962）です。フィッシャーは直線の一般式である$y=a+bx$を導入するとともに、「従属」変数と「独立」変数という概念を提唱しました。独立変数は説明変数、従属変数は目的変数ともよばれ、回帰分析ではこの２種類を区別する必要があります。

フィッシャーは回帰直線（予測直線）を$y'=a+bx$と表現しました。ただし、bは回帰係数、y'は「ワイプライム」と読み、回帰直線を意味します。

R.A.フィッシャー

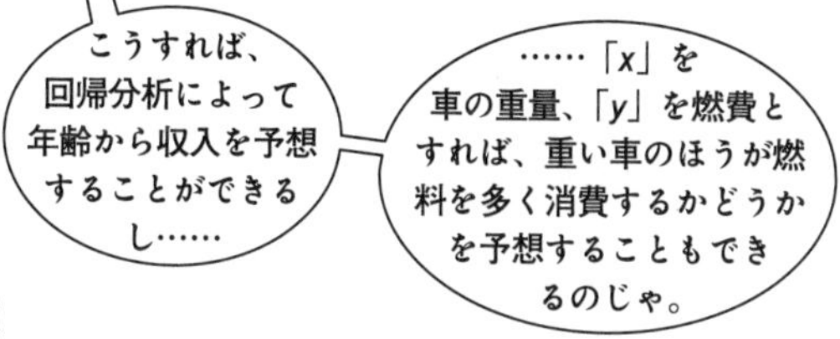

こうすれば、回帰分析によって年齢から収入を予想することができるし……
……「x」を車の重量、「y」を燃費とすれば、重い車のほうが燃料を多く消費するかどうかを予想することもできるのじゃ。

単純相関と重相関

父親と息子の身長など、２種類の連続変数のみのあいだに存在する線形関係を、ピアソンは**単純相関**とよびました。

3世代以上にわたって特徴の関係を測定しようと考えたとき、新しい統計手法が必要になりました。
ゴルトン
フランシス・イシドロ・エッジワース
私は、3変数の統計的相関関係を1892年にはもうとりあつかっていた。「ゴルトンの関数」という手法だが、これは1889年にウェルドンが付けてくれた名前だ。

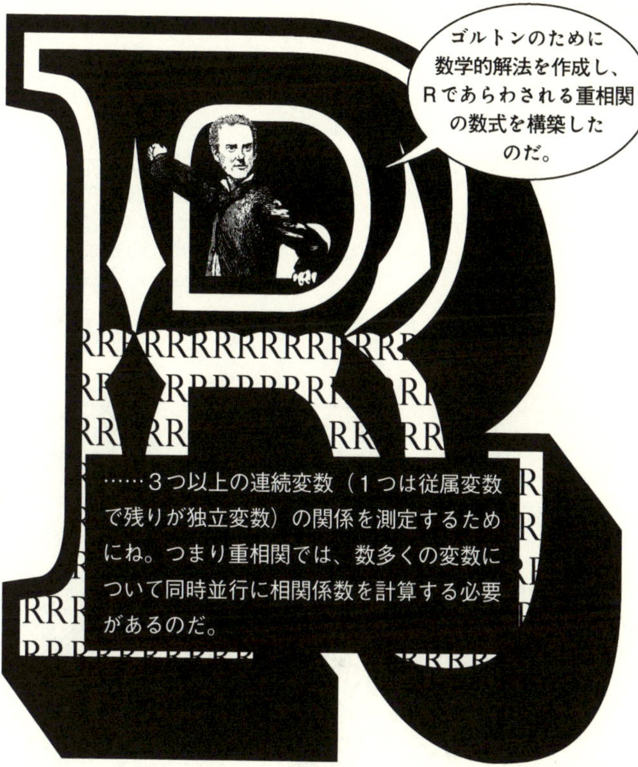
ゴルトンのために数学的解法を作成し、Rであらわされる重相関の数式を構築したのだ。
……３つ以上の連続変数（１つは従属変数で残りが独立変数）の関係を測定するためにね。つまり重相関では、数多くの変数について同時並行に相関係数を計算する必要があるのだ。

ここから**重回帰分析**が開発されることになります。単純回帰分析と同じように、重回帰分析も線形予測をおこなうものですが、予測に使う変数が１つではなく複数となります。

３つの変数の重なりあい

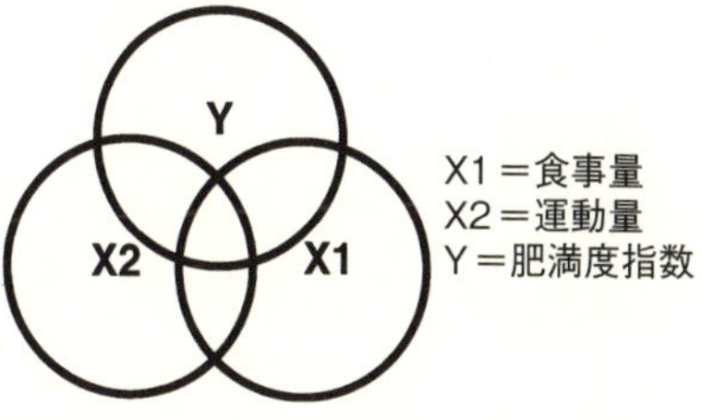
Y
X2
X1
X1＝食事量
X2＝運動量
Y＝肥満度指数

高等数学と行列代数

重相関係数を算出するため、ピアソンは次元の高い数学的処理を導入しました。これをきっかけとして、19世紀末、数理統計学が学問として確立されることになります。ピアソンは、このような数学をケンブリッジ大学のJ.J.シルベスターと**アーサー・ケイリー**(1821-1895)から学びました。2人は19世紀なかば、不変式論の発見を通じて行列代数を創出した人物です。

数理統計学において、ピアソンの高次の数学的処理を行列代数でおこなえるようになったのは、1930年代にはいってからだったわ。
このあと、行列代数は多変量統計学の中心になるの。
ケイリー
シルベスター
行列代数の例
行列A
7 3
2 5
6 8
9 0
行列B
7 4 9
8 1 5
2列 = 2行
4行
3列
積行列の次元
4×3

高次の数学的処理が可能となった結果、2変量（2次元）では解決できず、多変量（p次元）空間で複雑な数学的処理を必要とする統計的問題をとりあつかえるようになりました。

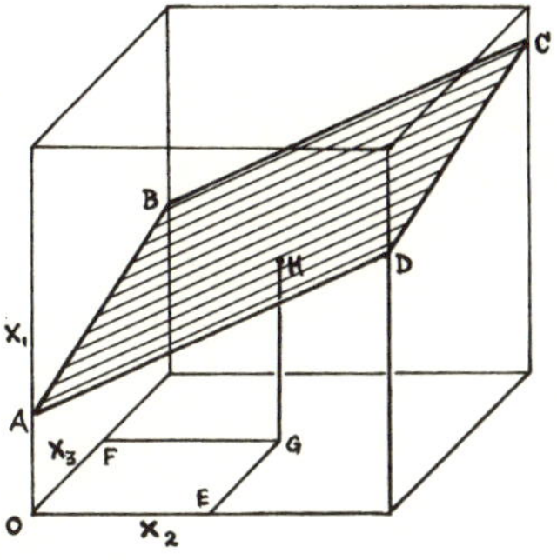
C
B
H
D
X_1
A
X_3
F
G
E
O
X_2

多変量回帰平面の模式図

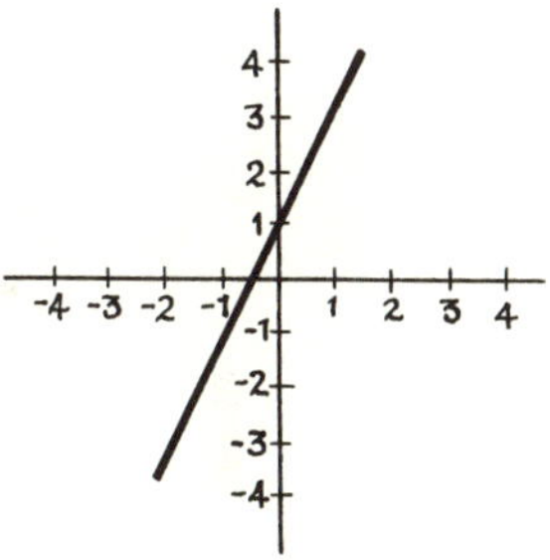
4
3
2
1
-4 -3 -2 -1
1 2 3 4
-1
-2
-3
-4

2次元の線形回帰直線

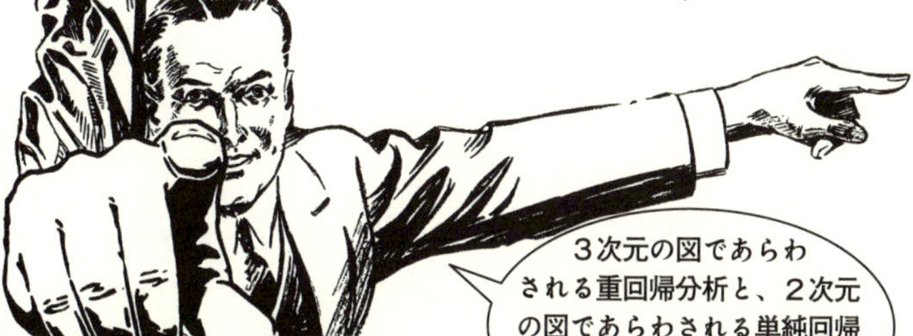
3次元の図であらわされる重回帰分析と、2次元の図であらわされる単純回帰分析をくらべれば、その違いがわかるはずだ。

統計的管理

研究では、実験的管理と統計的管理、２種類の管理方法が用いられます。

実験的管理とは、どのように分類するか、どのような方法で調査するかということ。
数学的な操作で、この実験的管理の土台を提供しようとするのが、統計的管理だ。

ピアソンは1895年、**部分相関**という概念を導入し、変数を統計的に管理する手法を編み出しました。部分相関は重相関においてのみ使われる概念ですから、関係する変数は３つ以上となります。これは、ある独立変数に対するほかの独立変数の影響を統計的にとりのぞいたとき、その独立変数と従属変数の相関関係を求めるものです。つまり、実験的に分離できない変数を、統計的に分離できるわけです。こうすれば、統計的には変数の１つが存在していないかのようにあつかうことができます（後述しますが、部分相関はR.A.フィッシャーの共分散分析とも関係があります）。

たとえばダイエットをするとき、運動、摂取カロリー、脂肪摂取量のどれが一番大きな影響をあたえるのか知りたい場合……
WHY BE FAT?
NOW RELEASE THE SLENDER YOU INSIDE!
LOSE WEIGHT around-the-clock
SEE SPECTACULAR RESULTS FAST!
RUSH ORDER
……重相関分析では、どの１変数よりも３変数合計のほうが影響が大きいという結果が出たりします。

摂取カロリーの影響だけを調べたい場合、部分相関を使えば、脂肪摂取量と運動の影響をとりのぞくことが可能です。

独立変数の影響を、ほかの独立変数１つと従属変数からとりのぞくことができる**偏相関**というものも、ジョージ・アドニー・ユールがのちに発表しました。偏相関は擬似相関（128ページ参照）の確認に使われます。

2×2のクロス表

1900年、ピアソンは2つの新しい手法を考案します。**四分相関係数**（r_t）と**φ係数**（ϕ）です。ϕはギリシャ文字でファイと読みます。ϕ係数はのちに、離散変数に関する「ピアソンのϕ係数」とよばれるようになります。いずれも2変数の関係を調べる方法で、互いに排他的な2つのカテゴリー（「二分変数」とよばれます）をあらわす2×2のクロス表に適用します。

	回復	死亡
罹患せず	a	b
罹患（感染）	c	d

2×2表の例――ピアソンが1904年におこなった腸チフスワクチンの効果に関する研究。このように4つのマス目に分けて相関を見るため四分相関という。

ピアソンのϕ係数も四分相関係数も、2×2のクロス表における2つのカテゴリーの相関を表します。計量心理学において「真」か「偽」かを判定する場合など、真に二分的なケースの検定にひろく使用されます。また疫学の分野では、疾病の「有無」というリスク因子が、死亡率にどのような影響をあたえるのかを評価する場合などにも利用されます。

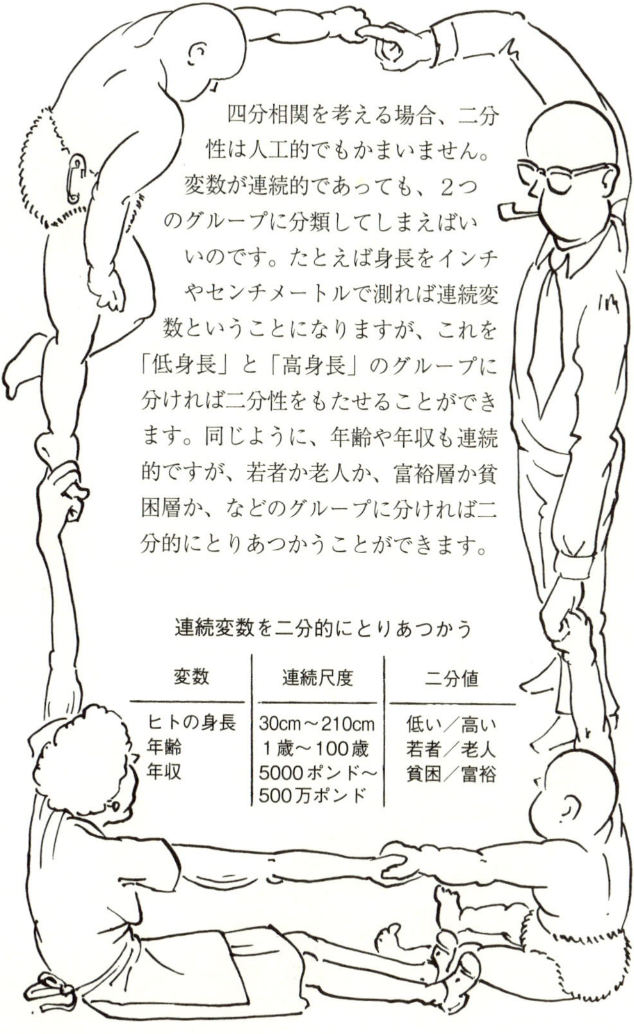

四分相関を考える場合、二分性は人工的でもかまいません。変数が連続的であっても、2つのグループに分類してしまえばいいのです。たとえば身長をインチやセンチメートルで測れば連続変数ということになりますが、これを「低身長」と「高身長」のグループに分ければ二分性をもたせることができます。同じように、年齢や年収も連続的ですが、若者か老人か、富裕層か貧困層か、などのグループに分ければ二分的にとりあつかうことができます。

連続変数を二分的にとりあつかう

変数	連続尺度	二分値
ヒトの身長	30cm～210cm	低い／高い
年齢	1歳～100歳	若者／老人
年収	5000ポンド～500万ポンド	貧困／富裕

ユールのQ統計量

ピアソンがϕ係数と四分相関を発表した1ヵ月後に、Q統計量をユールが提案しました。名前は、ケトレー（Quetelet）の頭文字をとったものです。ピアソンの積率相関は連続変数であることと正規分布であることが条件となっていますが、ユールはそのどちらにも依存しない方法をさがしていました。

－1.00から＋1.00という値をとる私のQは、ピアソンの四分相関係数よりも常に少し大きな値になることがわかりました。

$$Q=\frac{ad-bc}{ad+bc}$$

ユールのQ統計量は、まず社会学で利用されました。20世紀末には医療分野に普及し、2×2表から直接、症例の関連を知る方法となりました。オッズ比*とよばれる方法です。

ジョージ・アドニー・ユール

*オッズ比を使うと、ある事象の発生確率が2つのグループで等しいかどうかを比較することができます。

双列相関

ピアソンは1909年、**双列相関**を考案しました。これは積率相関（変数は両方とも連続）と深い関係がありますが、大きく異なる点が1つあります。

試験における合否のように、変数の1つが人工的に二分化されているのよね。
合否の判定基準は、先生によって違うこともあるわ。

あとでくわしく説明しますが、双列相関はスチューデントのt検定やフィッシャーの分散分析にもよく似ています。

点双列相関というものもあります。ピアソンの双列相関と関係があるものですが、こちらは片方が連続変数で、もう片方が男性／女性のように「真に二分的」な変数をとりあつかうものです。二分変数に対する点双列相関による推定は、連続変数に対する積率相関による推定と同じものだといえます。

この２つの方法は、計量心理学において知能検査や適性検査を作成するとき、試験項目の分析に幅広く使用されています。試験項目ごとのスコアと試験全体のスコアの相関関係を求める場合には、双列相関が使用されます。

血圧が高い／低いのはどの人かしら？
ユダヤ教徒
３系列相関の例：英国における３大宗教と血圧の関係
キリスト教徒
イスラム教徒
項目ごとのスコアと試験全体のスコアの相関関係を点双列相関で計測するというのは
試験項目の設定が適切かどうかを統計的に測定することに等しい。

ピアソンの３系列相関というものもあります。双列相関とよく似ており、変数の片方は連続ですが、もう片方が３分変数（低、中、高など）の場合をとりあつかう手法です。

エゴン・ピアソンと多分相関

1922年、ピアソンとその息子、エゴンが**多分相関**を提唱しました。四分相関とよく似ているのですが、変数がとりうる値が3つ以上という点が異なります。四分相関は、バイナリ値（0，1）をとる変数による2×2分割のクロス表しかとりあつかえませんでした。一方、多分相関では、値が多分系列（0，1，2，3，4……）となる変数、あらわすカテゴリーが3以上の変数による$n \times n$表がとりあつかえます。

たとえば、多発性硬化症、関節炎、片頭痛、骨粗鬆症などの病状について、痛みの強さを、なし＝0、弱い＝1、中程度＝2、強い＝3に分類して研究できるわけです。
エゴン

	痛みの強さ			
疾病の種類	なし＝0	弱い＝1	中程度＝2	強い＝3
多発性硬化症				
関節炎				
片頭痛				
骨粗鬆症				

RANK
ORDER
CORREL
-ATIONS

順位相関

順位相関とは、同じ項目のセットに関する異なる順位同士の関係を検討するものです。２種類の順位の一致を測定し、その統計的有意性を評価するのです。使われることが多いのは、**チャールズ・スピアマン**（1863–1945、カール・ピアソンの弟子）が提唱したものと、モーリス・ケンドールが提唱したものです。このほかに、ウィルコクソンの符号順位検定、マン・ホイットニーの*U*検定、クラスカル・ウォリスの順位検定があります。

ゴルトンが提唱した順位値という考え方をもとに、1906年、スピアマンのρ（ロー）順位相関を考案しました。
この方法は、基本的にピアソンの積率相関係数の特殊ケースだといえます。データをトップからラストまでの順位へと変換してから積率相関係数を計算すれば、順位相関係数が得られるのです。

因子分析

スピアマンは、ゴルトンから個人的な能力差の測定や知能検査といったアイデアの影響も受けていました。ピアソンの積率相関と、同じくピアソンが1901年に提唱した主成分分析*を活用し、スピアマンは**因子分析**という新しい統計手法を開発しました。因子分析をおこなうと複雑なデータのセットをあつかいやすい形へ簡略化し、変数間にどのような関係があるのかを把握することができます。

このあと、全体的な能力と個別の能力を測定する二因子論により、知能に関する世界初の計量心理学の理論を構築することができました。
スピアマン
ピアソン

*相関データのセットを効果的に表現する方法を発見できる一般的な統計手法です。

モーリス・ケンドールのτ係数

スピアマンと異なる順位相関を1938年、英国の統計学者**モーリス・ケンドール**（1907–1983）が提唱しました。ケンドールのτ（タウ）とよばれるもので、順位データの一致数と不一致数をもとにした方法です。

タウ

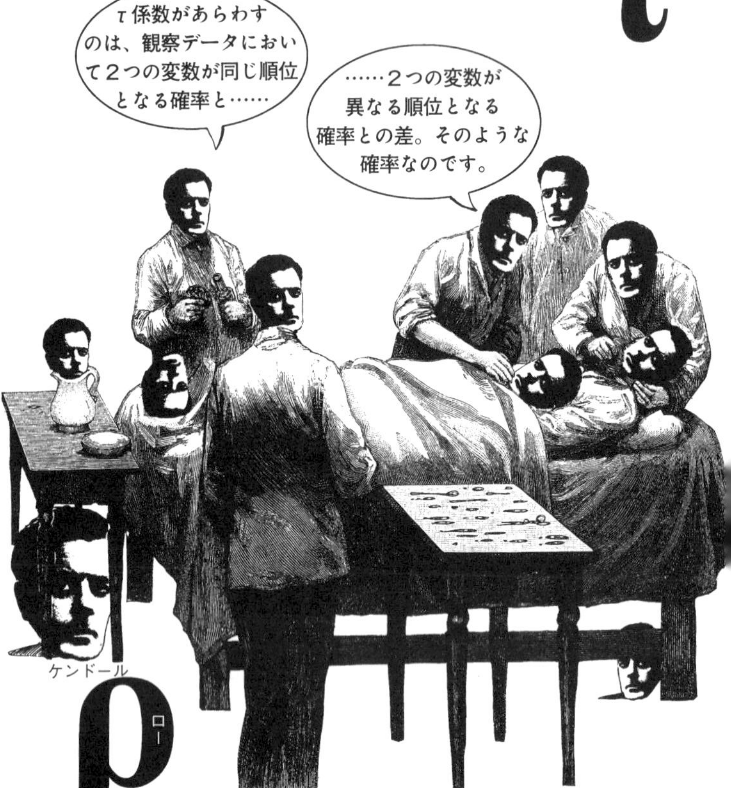

τ係数があらわすのは、観察データにおいて２つの変数が同じ順位となる確率と……
……２つの変数が異なる順位となる確率との差。そのような確率なのです。
ケンドール
ρ
ロー

ケンドールのτは、スピアマンのρよりもサイズが大きい標本に対してよく使用されます。

相関vs.関連

これらは、統計的関係を測定する２種類の方法をあらわす言葉です。

正規分布が仮定できる複数の連続変数について、変数間の関係の強さと方向を表現するものを「相関」というのだ。
ユール
ピアソン
1899年、正規分布も連続分布も仮定できない離散変数について私が提唱したのが「関連」です。

相関に関する手法

ピアソンの単純相関、重相関、部分相関　　３系列（多分系列）相関

四分相関

双列相関　　ユールの偏相関

関連に関する手法——変数が２つとも名目変数の場合

ϕ係数　カイ２乗統計（163～166ページ参照）　ユールのQ統計量

混合型の手法——変数の片方が離散的で、もう片方が連続的な場合

多分相関　ケンドールのτ　スピアマンのρ

ウィルコクソンの符号順位検定　マン・ホイットニーのU検定

クラスカル・ウォリスの順位検定

適合度検定

FIT

正規分布を利用したデータの解析や解釈の方法に適合度検定があります。データが正規分布にどの程度したがっているのかを見ることができるのです。

つまり、データが正規分布かどうかを確認し、その上で確率的な話をすることができるわけだ。
結果の確率について統計的に何かを述べるとき、1900年ごろまでは基本的に適合度検定を利用していた。
ケトレー

正規曲線といえばアドルフ・ケトレーです。1840年ごろ、ケトレーをはじめとする人々が観測データを正規曲線に当てはめる試みをはじめ、1863年にはゴルトンも同様の作業をはじめます。ケトレーは図表による方法を考案しました。正規曲線を近似するのではなく、二項分布にもとづく表を使用したのです。ゴルトンの試みは曲線の当てはめではなく、算出した値を正規確率表（標準偏差が1となるように標準化した正規分布の確率表）と比較するものでした。

W.L.
F.Y.E.

そのような状況で、まず1877年にヴィルヘルム・レキシスが、経験分布が正規分布にしたがっているかどうかを評価する適合度検定として、レキシス比Lを考案しました。1887年には、フランシス・イシドロ・エッジワースが二項分布の正規近似による適合度検定を考案しました。19世紀には適合度検定を実現しようという試みが数多くおこなわれましたが、いずれも基礎となる理論が不明確でした。理論的な適合度検定の登場には、ピアソンを待つ必要があったのです。

ピアソンの適合度検定が用いられるまでは、観測結果の誤差を正規曲線から作成した分布の表と比較する、あるいは、度数分布のグラフと比較するという方法が一般にとられていました。進化生物学者の**J.B.S.ホールデン**（1892–1964）が1936年に述べたとおりです。

研究者は科学的仮説をたてて観測をおこなう。その結果は、仮説と観測結果がよく一致するかしないかという判定しかできない……
……ピアソンのカイ2乗検定が登場するまで、その中間について適合度を検定する方法はなかったのだ。
ホールデン

非対称分布に対する曲線の当てはめ

ピアソンが曲線の当てはめに強い興味を抱いた原因は、ウェルドンがおこなったプリマスカニの研究でした。1892年、１本の正規曲線ではカニのデータをうまく表現できず、どうしても２本の曲線が必要となることに気づいたウェルドンが、「ふたこぶ」（双峰分布）についてピアソンにアドバイスを求めてきたのです。

ケトレーやゴルトンは正規化によってデータを解釈しようとしていましたが、ピアソンは別の方法を考えました。ピアソンもウェルドンも、分布の形状を変えずに解釈することが重要だと考えたのです。そうすれば、新種の発生について発見があるかもしれないからです。

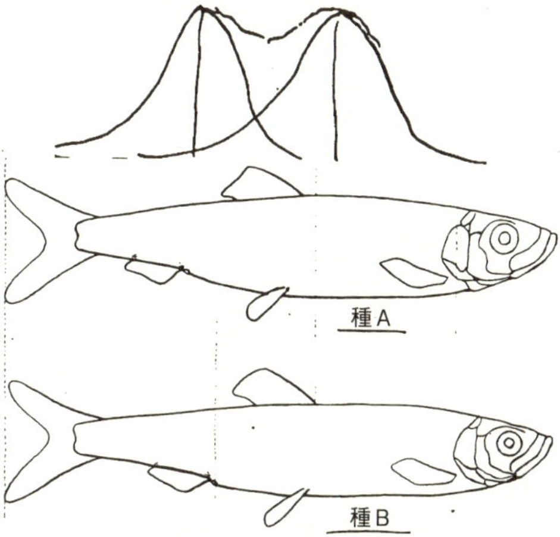
種A
種B

ピアソンとともに新種の形成を研究していたころ、ウェルドンが描いたニシンのスケッチ。

ハインケが描いた典型的なキール・ニシンの図を写した略図。一方が種A、もう一方が種B。

カイ2乗

ピアソンは1890年代を通じて曲線の当てはめについて研究をおこない、適合度を評価する基準が必要だとの考えから、各種の適合度検定を開発しました。1896年の末ごろには、生物学者や経済学者が遭遇する非対称分布の適合度検定の開発に興味をもち、その結果、1900年、ついにカイ２乗検定が誕生します。

ピアソンはカイ２乗（χ^2）に関し、以下の３種類を開発しました。

1．カイ２乗確率分布（1900年発表）
2．適合度検定（1900年発表）
3．分割表の独立性に関するカイ２乗検定（1904年発表。1923年にR.A.フィッシャーが「カイ２乗統計量」と名付けた）

カイ２乗分布やカイ２乗検定が重要だといわれるのはなぜでしょうか。

なんといっても大事なのは、正規分布に依存しない統計的手法で新しい知見の解釈がおこなえる点だ。

これはカイ２乗
じゃなくて
チャイ２杯

正規分布は左右対称な釣り鐘形カーブとなる連続データでしか使えないのに対し、カイ２乗分布なら非対称、二項分布、ポアソン分布などあらゆる分布の離散データに使えます。逆に言うと、カイ２乗統計量がカイ２乗分布にしたがう前提として、標本の元になる分布がなんらかのモデル分布（正規分布やポアソン分布など）であること、用いるデータがそこから独立に抽出したものであることの２つが必要です。

そのうえで、ピアソンのカイ２乗検定では、実験で得られたデータが理論的なカイ２乗分布とどの程度よく一致するか、などといったことを適合度検定によって求めることが可能で、データのズレが許容範囲かどうか（偶然とみなせるかどうか）を検定できます。

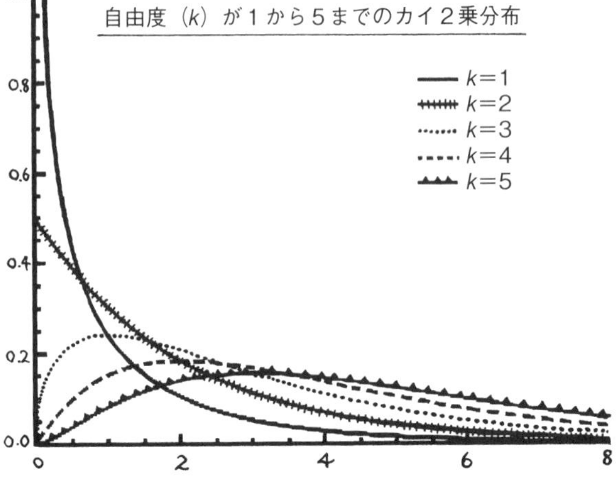
自由度（k）が１から５までのカイ２乗分布
k=1
k=2
k=3
k=4
k=5
1.0
0.8
0.6
0.4
0.2
0.0
0
2
4
6
8

米国大統領選挙において、女性と男性がそれぞれ共和党と民主党のどちらに投票する傾向が強いかを求めたいとします。

投票傾向を２×２の表にまとめます。

政党	性別		合計
	女性	男性	
民主党	a	b	a+b
共和党	c	d	c+d
合計	**a+c**	**b+d**	**N**

クロス表のカイ２乗統計量は、1904年にピアソンが考案した２×２表用の計算式で算出できます。

$$\chi^2=\frac{N(ad-bc)^2}{(a+b)(c+d)(b+d)(a+c)}$$

こうして得られたカイ２乗統計量から、女性は民主党に投票する傾向が強く、男性は共和党に投票する傾向が強いという結果が得られたりするわけです。

カイ２乗は、以下の式であらわされます。

$$\text{カイ２乗}=\left(\frac{(\text{観測した数値}-\text{期待される数値})^2}{\text{期待される数値}}\right)\text{の値の総和}$$

カイ２乗検定には、適合度検定のほかに独立性の検定という役割もあります。つまり、男女の別と投票行動は無関係である（独立である）という仮説（帰無仮説）を立て、それを検定することができるのです。

カイ２乗統計量は柔軟性が高く、複数のカテゴリーをとりあつかうことができます。ここではもう少し一般化してみましょう。英国の総選挙では３つ以上の政党が登場します。このとき、主要政党に対し、女性と男性のどちらが投票する傾向が強いかを知りたいとしましょう。

観測した投票傾向は２×５の表にまとめます。

政党	性別	
	女性	男性
労働党		
保守党		
自由民主党		
緑の党		
国民党		

自由度で結果を解釈する

相関の場合、0.90、0.50、0.21などの数字で相関の高低を知ることができますが、カイ２乗統計量についてはそのようなことができません。算出された数字だけでは、それが何を意味しているのかわからないのです。

算出したカイ２乗値を解釈するため、ピアソンは「補正因子」というものを考えました。またR.A.フィッシャーは、1922年に「自由度」という概念を提出しました。自由度は、標本における観測数によって決まる数字であり、得られたカイ２乗値が統計的に有意であるかどうかの判定に便利で、ほとんどの統計モデルで使うことができます。

有意性の検定というのは大事な概念なんだ。これをおこなえば……
……本当に違いがあるのか、偶然によるものなのかがわかるの。
その自由度は行き過ぎね！

カイ２乗確率表

1900年、ピアソンとその弟子、アリス・リー（1858–1939）がカイ２乗確率表を作成しました。その１年後には別の弟子、ウィリアム・ペイリン・エルダートン（1877–1962）が改良をくわえました。こうして確率表が完成した結果、算出したカイ２乗値と必要になる補正因子をチェックし、得られた結果が統計的に有意であるかどうか、確認できるようになりました。

1885年にはエッジワースが有意検定について検討していますが、幅広いケースについて統計的有意性を求められるようになったのは、ピアソンのカイ２乗検定が登場したあとです。なお、その後の研究で、カイ２乗検定の自由度に影響をあたえる因子がほかにも存在することが明らかとなります。

χ^2とn'の値に対するP値の表；χ^2は１から70、n'は３から20*

χ^2 \ n'	3.	4.	5.	6.	7.	8.	9.
1	·606,531	·801,253	·909,796	·962,566	·985,612	·994,829	·998,249
2	·367,879	·572,407	·735,759	·849,146	·919,699	·959,839	·981,012
3	·223,130	·391,633	·557,825	·699,994	·808,847	·885,010	·934,357
4	·135,335	·261,470	·406,006	·549,422	·676,676	·779,783	·857,123
5	·082,085	·171,799	·287,298	·415,882	·543,813	·659,965	·757,576
6	·049,787	·111,611	·199,148	·306,220	·423,190	·539,750	·647 232
7	·030,197	·071,888	·135,888	·220,631	·320,847	·428,870	·536,632
8	·018,316	·046,012	·091,578	·156,236	·238,103	·332,594	·433,470
9	·011,109	·029,291	·061,099	·109,064	·173,578	·252,656	·342,296
10	·006,738	·018,567	·040,428	·075,236	·124,652	·188,574	·265,026
15	·000,553	·001,817	·004,701	·010,363	·020,256	·036,000	·059,145
20	·000,045	·000,170	·000,499	·001,250	·002,769	·005,570	·010,336
25	·000,004	·000,016	·000,050	·000,139	·000,341	·000,759	·001,554
30	·000,000	·000,001	·000,005	·000,015	·000,039	·000,095	·000,211
40	·000,000	·000,000	·000,000	·000,000	·000,000	·000,001	·000,003
50	·000,000	·000,000	·000,000	·000,000	·000,000	·000,000	·000,000
60	·000,000	·000,000	·000,000	·000,000	·000,000	·000,000	·000,000
70	·000,000	·000,000	·000,000	·000,000	·000,000	·000,000	·000,000

χ^2 \ n'	10.	11.	12.	13.	14.	15.
1	·999,438	·999,828	·999,950	·999,986	·999,997	·999,
2	·991,466	·996,340	·998,494	·999,406	·999,772	·999
3	·964,303	·981,424	·990,734	·995,544	·997,942	·999
4	·911,418	·947,347	·969,923	·983,436	·991,197	·995
5	·834,310	·891 178	·931,168	·957,979	·975,195	·98
6	·739,919	·815,263	·873,366	·916,082	·946,154	·96
7	·637,110	·725,544	·799,074	·857,613	·902,142	·93
8	·534,146	·628,837	·713,304	·785,131	·843,601	·88
9	·437,274	·532,104	·621,892	·702,931	·772,944	·8
10	·350,486	·440,493	·530,388	·615,960	·693,935	·7
15	·090,810	·132,061	·182,371	·241,436	·307,227	[illegible]
20	·017,913	·029,253	·045,341	·067,086	·095,212	[illegible]
25	·002,971	·005,345	·009,117	·014,822	·023,084	[illegible]
30	·000,439	·000,857	·001,585	·002 792	·004,710	[illegible]
40	·000,008	·000,017	·000,036	·000,072	·000,138	[illegible]
50	·000,000	·000,000	·000,000,5	·000,001	·000,00	[illegible]
60	·000,000	·000,000	·000,000	·000,000	·000,00	[illegible]
70	·000,000	·000,000	·000,000	·000,000	·000,00	[illegible]

*この表を構築するにあたり、一部の計算をアリス・リー博士にお願いした。16から20までの列に必然を示す１という数字があるが、これはもちろん、0.9999995以上の数字、すなわち小数点以下６桁までに丸めた数字である。

ピアソンが1900年に発表した最初のカイ２乗確率表。
n'は自由度、P値は自由度n'のときに左欄のカイ２乗値（χ^2）となる確率。

ギネス醸造所における統計的検定

統計的品質管理の検定を実用化したのは、20世紀初頭、ビール会社のギネスで醸造長をしていた化学者で統計学者のウィリアム・シーリー・ゴセットでした。会社との約束から、ゴセットは「スチューデント」というペンネームで論文を発表しました（ギネス社は、社員に統計理論を学ばせていることをライバル企業に知られたくなかったのでしょう）。ギネス社ではこれが普通だったようで、統計関係でゴセットのアシスタントをしていたエドワード・サマーフィールドは、「アラムナス」（卒業生）という名前で論文を書いていました。

19世紀末ごろ、ギネス社は世界最大の醸造会社で、年間150万樽ものビールを生産していました。
17. 18. 19. 20.
トップの地位を保つため、ギネスでは、オックスフォードやケンブリッジの学位をもつ社員を雇用し、留学などの機会をあたえるようになりました。

醸造材料の定量化

ギネスは、ビール用のオオムギなどを栽培する大きな農場も所有していたため、ゴセットは農場における実験や、実験室での試験などもおこなうようになりました。

一部の醸造所では、化学的な分析によって、ビールの醸造に適したホップやオオムギの特性を定量的に把握しようと努力していました……
……たとえばホップの「磨き」や、「ミルキー」とか「硬い」などと表現されるオオムギの「質感」などです。

しかし定量的基準は計測が難しく、ギネスビールの人気の理由も把握できなければ、どうしたら品質を維持・改善できるのかもわかりませんでした。だからなんとかして、どのオオムギから最高の麦芽が得られ、どのホップなら最高の醸造が実現できるのかを知りたいとギネスでは考えていました。

農業におけるバラツキ

ギネスで働くようになったゴセットは、目の前にある膨大な化学的データの山から、オオムギやホップといった原材料の品質と、最終製品であるビールの品質とのあいだに存在する関係を抽出できないかと考えました。統計分析をおこなうにあたり、大きな課題が2つありました。ひとつはバラツキが大きいこと、もうひとつは統計的な観測結果があまりに少ないことでした。

このような穀類を生産する場合、雨量、鳥害、土壌の化学的特性、温度のバラツキがとても重要になりますが、どうすればこのバラツキを考慮しながらデータを解釈できるのかわかる人がギネスにはいませんでした。

まず、何を無視し、何を重視すべきなのかを判別する方法が必要でした。このころ、バラツキを解析する方法としては、ピアソンが提案した統計手法がありました。ピアソンは、夏のあいだ、ウェルドンがいるオックスフォードまで自転車で通えるバークシャー州イーストイルスリーに滞在していたので、ゴセットは1905年7月12日、イーストイルスリーまでピアソンに会いにゆきました。

小標本vs.大標本

ゴセットはピアソンに、小標本（データの数が少ない）であることが大きな問題だと語りました。オオムギの種類ごとのデータの数は、わずか10個程度だったのです。ピアソンの標本は、いつもこれと比較にならないほどの大標本（データの数が多い）でした。このため、ゴセットは自分で統計的品質管理検定を開発することになります。

大標本を使うピアソンの統計手法を私の小標本に適用すると、歪んだ結果しか得られません。
ピアソンの手法は小標本には適用できないのです。
GUINNESS

ゴセットはピアソンの手法のほか、天文学で使われている統計手法も応用して、小標本の解析を試みました。しかし、こうして得られた観測結果をあらわす線形式も、思ったほど役に立ちませんでした。安定した状態での観測に使う式を基礎にしていたからです。しかし醸造データにまつわる農業関連の条件は不安定で変動が激しいほか、実験室における試験の影響も混入していました。

２つの算術平均の統計的差異を検定する

試行錯誤のうえ、ゴセットはようやく、天文学分野の手法とピアソンの統計手法を組み合わせて実験データを統計的に解析する方法を用意しました。目標は、隣り合わせの農地で２種類のオオムギを栽培し、２種類の肥料処理を施したとき、そこに有意差が生じるかどうかを確認すること。影響する因子としては、土壌、肥料、天候が考えられます。

どちらの
品種のほうが、
品質がよいので
しょうか。

２つのグループの平均の差をとり、小標本データを適切に解釈する方法を見つけるという課題は、フランスの医師ピエール・ルイと、ドイツの物理学者グスタフ・ラディッケが1850年代にとりくみ、失敗した過去があります。ゴセットは**z比**（z検定）を導入し、標本の平均値と母集団のあいだに有意差があるかどうかを調べようとしました。

ギネスで得られた統計的成果

考案したz比を使ってオオムギの農場を解析したゴセットは、ギネスにとってベストなオオムギがアーチャー種であることを突きとめます。調達すべきオオムギの種類がわかったギネスは、アイルランドじゅうでアーチャー種の栽培をおこなおうと考えました。

デンマークの純系アーチャーオオムギの種1000個が入手できたので、一部の農場で栽培してもらうことにしました。
GUINNESS
1759
ビールでほろ酔いじゃ……
ゴセットが新しい統計検定を考案したおかげで、複雑な醸造過程の各工程で、品質に影響をあたえる数多くの因子について、相対的な重要性を正確に求められるようになったんじゃ。

こうしてスチューデントのz比は、産業用品質管理に統計検定を応用したはじめての例となりました。製品の品質管理の把握が重要だと示したゴセットの考え方は、R.A.フィッシャー、ウォルター・シュワルツ（1891–1967）、W.エドワーズ・デミング（1900–1993）など、のちの統計学者に大きな影響をあたえました。

スチューデントのt検定

統計的に検定をおこなうというゴセットの手法に強く刺激されたフィッシャーは、1924年、ゴセットのz比をもとに「スチューデントのt検定」を発表します。ゴセットが提出したz表も値を再計算し、t表（「スチューデントのt分布」）としました。スチューデントのt検定は次式であらわされます。

$$t=\frac{\text{グループ1の標本の平均値}-\text{グループ2の標本の平均値}}{\text{差の標準誤差}}\quad\left\{\frac{\bar{x}_1-\bar{x}_2}{se}\right\}$$

標準誤差

t検定には3種類の使い方があります。

独立標本同士で平均の違いを検定する。
属性が共通する標本同士で平均の違いを検定する。
回帰係数を検定する。
フィッシャー

ロンドンの北側、ハートフォードシャー州ハーペンデンにあるロザムステッド農事試験場に勤めていたとき、フィッシャーは、ゴセットの仕事をさらに発展させて「分散分析」を開発し、ブロードバーク試験農地における小麦のデータに応用します。この実験は、分散分析の古典的な実例として有名です。

新たな統計の時代：ロザムステッド農事試験場ブロードバーク農地における農業データ

第一次大戦後、フィッシャーは、ピアソンからユニバーシティー・カレッジ・ロンドンへ招かれるなどしましたが、最終的には、ジョン・ラッセル伯爵の口添えでロザムステッド農事試験場に職を得ました。ここでブロードバーク農地における農業データの解析をおこない、統計分野において多大な業績をのこすことになります。

ロウズ

ロザムステッドは世界的に見ても長い歴史をもつ農事試験場で、**ジョン・ベネット・ロウズ**（1814–1902）が1843年に設立したものです。ロウズ家は、この土地を1623年から所有していました。

ロウズ卿は
オックスフォードを卒業後、
ロザムステッドにもどり、
納屋を化学実験室として、
硫酸などの酸と無機リン酸塩
を混ぜて肥料とする研究を
したんじゃ。
フィッシャー
これがのちに化学
肥料産業となり、英国の
農業を大きく変える
ことになる。

ロウズ卿のロザムステッド農事試験場設立に協力したのが、化学者の**ジョセフ・ヘンリー・ギルバート**（1817–1901）でした。２人はブロードバークでさまざまな農業試験をおこない、観察や実験による統計データをすべて公開し、肥料をあたえつづけた農地からは年間12〜13ブッシェル*の小麦しかとれないのに対し、堆肥を十分にあたえた農地からは年間30〜40ブッシェルもの小麦がとれることを発見しました。

第一次大戦が1918年に終わったあと、ロザムステッドでは再建と拡張が進められました。そして、農芸化学者**エドワード・ジョン・ラッセル**（1872–1965）が、ケンブリッジを卒業した数学者、フィッシャーを雇い入れたのです。

ブロードバーク農地での収穫風景

ロザムステッドでとられた記録は統計解析ができるレベルかどうか、必要なだけ時間をかけて調べてくれと頼まれました。
ラッセル

*穀物に用いられる単位で、１ブッシェルは約36.4リットル。

フィッシャーの分散分析

1919年から1926年にかけ、フィッシャーは実験計画法の基礎をつくったほか、1916年に開発した**分散分析**という統計手法をさらに発展させるなどの仕事をおこないました。実験というものは変数間の関係をとりあつかうものですが、その関係を系統的に評価する方法は、フィッシャーが画期的な方法を開発して『研究者のための統計的方法』(1925年)を書くまで存在しなかったのです。

ロザムステッドにおいてフィッシャーは、66年間にわたって蓄積された天候、作物の収量、肥料のデータを統計的に解析する作業をおこないました。
データがもつバラツキの量から、小麦の品質に影響する因子を求めようと考えたのじゃ。
ANOVA

農業分野におけるバラツキの解析

小麦の収量について、３種類のバラツキを分けて考える必要があることにフィッシャーは気づきました。最初は年度によるバラツキ、つまり植物の生育を直接的に左右する天候の影響によるバラツキです。次は土壌の影響で、土壌がもつ栄養が次第に減ってゆくというバラツキです。最後がバラツキのゆっくりとした変化で、ランダムに発生する小さな変動です。

区画による違いを分析した結果、雨が多いと土地がやせるという大きな流れ、つまり主効果を他の要素から分離することに成功したのじゃ。
彼の研究結果から、窒素を豊富にふくむ肥料を秋ではなく春に使用したほうが、小麦の品質が上がることがわかりました。

分散分析と小標本

分散分析とは、実験データに関するさまざまな統計モデルを使い、観測されたバラツキを分類する方法で、フィッシャーは、このように分散を分けて考えることを基礎にさまざまな統計手法を開発しました。

スチューデントのt検定は、２組のデータの平均値に統計的有意差があるかどうかを見るものであり……
スチューデントのt分布
……フィッシャーの分散分析は、F検定をおこなったあとにF表を使い、グループ平均に有意差が存在するかどうかを見るものです。
有意差がある場合、t検定を２つの平均値の差に適用すれば、どこに違いがあるのかがわかるわけだ。

フィッシャーは1932年、変数を統計的に管理する**共分散分析**を発表します。これはある変数の影響をほかの変数から「相関変化」によって分離する手法で、誤差分散を小さくして実験精度を高められる可能性があります。ピアソンも、これとよく似た方法を部分相関として1896年に発表しています。

推測統計学

ピアソンの方法を発展させたフィッシャーは、**推測統計学**の基礎を築き、数理統計学を新たな段階へと進ませることに成功しました。推測統計学は無作為のバラツキを前提としたものですが、方法としての特徴は、仮説検定と推定論を中心としている点です。

仮説検定とは、２種類の主張について、どちらが正しいと言えるか合理的判断をくだすことができる科学的手法です。推定論とは統計学の一分野で、科学的に収集したデータを元に母集団の性質を見積もる学問です。たとえば投票率を推定しようとする場合、投票者から無作為に選んだ少数の標本から推定するわけです。

$\bar{x}$、s、rなどのローマ文字であらわされる統計量（それぞれ、算術平均、標準偏差、相関をあらわします）は、ほとんどピアソンが考案したものです。

これに対し、母集団の算術平均、標準偏差、相関の推定をおこなうため、1922年にフィッシャーが導入したのが、それぞれ、μ（ミュー）、σ（シグマ）、ρ（ロー）などギリシャ文字であらわされる値です。こうした母集団の分布をあらわす統計的な値のことを母数と呼びます。

つまり、標本に対する統計量の関係と、母集団に対する母数の関係とは対応しているのです。

標本分布

母集団について一般化をおこなうためには、代表性のある標本から統計情報を集める必要があります。

母集団から標本をとりだしたとき、その統計量（$\bar{x}$、s、r）から母集団の母数（μ、σ、ρ）が推定できます。このように、標本の統計量から対応する母数を正しく推定できるはずだ、というのがフィッシャーの考え方です（フィッシャーはこのほか、一致推定量、有効推定量、十分推定量という3種類の推定量も考案しました）。

標本の統計量から母数を推定するときには、「標本分布」というものを使います。標本は1つだけとせず、複数の標本（あるいは無限数の標本）を母集団からとりだすのです。各標本からは、それぞれの平均、標準偏差、相関が得られます。全標本の統計値の平均は、母集団の平均に近い値となるはずです。

このように、母数は確率分布の概要を示すものであり、標本統計量は観測された標本の概要を示すものとなります。

フィッシャーの手法は、ピアソンの統計学的成果をもとにつくられたものですが、それは同時に、ピアソンが生み出した統計的表現に新たな解釈をくわえるものでもありました。その結果、統計学の一部ではピアソンの統計手法や統計用語が今でも使われていますが、現代の数理統計学ではフィッシャーの統計手法がひろく使用されるようになりました。

まとめ

英国では、ヴィクトリア朝時代に大量の人口統計データを政府が収集し、統計的手法によって国の状態を把握することがおこなわれ、その結果、政治改革が進み、公衆衛生法が確立されました。人口統計の世界では当初、統計的なバラツキとは欠陥であり、根絶すべき誤りだとされましたが、これに対してチャールズ・ダーウィンが、生物学的バラツキという考え方や種を統計的母集団とみなす考え方を唱えました。ダーウィンのこの考え方は、その後、新しい統計的方法論を生む土壌となります。まず、フランシス・ゴルトンが個体差に着目し、バラツキを統計学の中心にすえました。この考えは、W.F.R.ウェルドンを経由して、カール・ピアソンとその弟子たちにより、近代数理統計学の基礎へと発展してゆきます。

ピアソンの弟子、ウィリアム・シーリー・ゴセットは、産業的な統計的品質管理検定を開発しました。これに触発され、ロナルド・フィッシャーが小標本を統計的に解析する手法を開発します。こうして、実験計画法と無作為化が統計理論に導入されたのです。フィッシャーは推測統計学という新しい学問分野を開拓し、近代的な数理統計学は新たな段階へと進みました。

20世紀にはいると、統計学は、医療、経済、政治などの世界でひろく使われるようになり、日常会話にさえ登場するようになりました。そして統計情報は、どの治療を受けるのか、どの車を買うのか、どの家を買うのか、どの服を買うのか、どの政党を支持するのかなど、日常生活に大きな影響をあたえるものとなったのです。21世紀は技術革新によって情報の時代になるといわれています。統計学の理解は、今後、ますます必要とされることでしょう。

さくいん

〈数字・アルファベット〉

〈あ行〉

〈か行〉

〈さ行〉

〈た・な行〉

〈は行〉

〈ま・や・ら・わ行〉

N.D.C.417　187p　18cm

ブルーバックス　B-1681

マンガ 統計学入門《とうけいがくにゅうもん》

学びたい人のための最短コース

2010年4月20日　第1刷発行
2019年7月8日　第4刷発行

文　アイリーン・マグネロ
絵　ボリン・V・ルーン
監訳者　神永正博《かみながまさひろ》
訳者　井口耕二《いのくちこうじ》
発行者　渡瀬昌彦
発行所　株式会社講談社
〒112-8001 東京都文京区音羽2-12-21
電話　出版　03-5395-3524
販売　03-5395-4415
業務　03-5395-3615
印刷所　（本文印刷）豊国印刷株式会社
（カバー表紙印刷）信毎書籍印刷株式会社
本文データ制作　講談社デジタル製作
製本所　株式会社国宝社

ISBN978-4-06-257681-9

発刊のことば

科学をあなたのポケットに

二十世紀最大の特色は、それが科学時代であるということです。科学は日に日に進歩を続け、止まるところを知りません。ひと昔前の夢物語もどんどん現実化しており、今やわれわれの生活のすべてが、科学によってゆり動かされているといっても過言ではないでしょう。

そのような背景を考えれば、学者や学生はもちろん、産業人も、セールスマンも、ジャーナリストも、家庭の主婦も、みんなが科学を知らなければ、時代の流れに逆らうことになるでしょう。

ブルーバックス発刊の意義と必然性はそこにあります。このシリーズは、読む人に科学的に物を考える習慣と、科学的に物を見る目を養っていただくことを最大の目標にしています。そのためには、単に原理や法則の解説に終始するのではなくて、政治や経済など、社会科学や人文科学にも関連させて、広い視野から問題を追究していきます。科学はむずかしいという先入観を改める表現と構成、それも類書にないブルーバックスの特色であると信じます。

一九六三年九月

野間省一

ブルーバックス　数学関係書（I）

ブルーバックス　数学関係書（II）

1657	高校数学でわかるフーリエ変換	竹内　淳
1661	史上最強の実践数学公式123	佐藤恒雄
1677	新体系　高校数学の教科書（上）	芳沢光雄
1678	新体系　高校数学の教科書（下）	芳沢光雄
1684	ガロアの群論	中村　亨
1704	高校数学でわかる線形代数	竹内　淳
1724	ウソを見破る統計学	神永正博
1738	物理数学の直観的方法（普及版）	長沼伸一郎
1740	マンガで読む　計算力を強くする	がそんみほ=マンガ　銀杏社=構成
1743	大学入試問題で語る数論の世界	清水健一
1757	高校数学でわかる統計学	竹内　淳
1764	新体系　中学数学の教科書（上）	芳沢光雄
1765	新体系　中学数学の教科書（下）	芳沢光雄
1770	連分数のふしぎ	木村俊一
1782	はじめてのゲーム理論	川越敏司
1784	確率・統計でわかる「金融リスク」のからくり	吉本佳生
1786	「超」入門　微分積分	神永正博
1788	複素数とはなにか	示野信一
1795	シャノンの情報理論入門	高岡詠子
1808	算数オリンピックに挑戦 '08〜'12年度版	算数オリンピック委員会=編
1810	不完全性定理とはなにか	竹内　薫
1818	オイラーの公式がわかる	原岡喜重
1819	世界は2乗でできている	小島寛之
1822	マンガ　線形代数入門	鍵本　聡=原作　北垣絵美=漫画
1823	三角形の七不思議	細矢治夫
1828	リーマン予想とはなにか	中村　亨
1833	超絶難問論理パズル	小野田博一
1838	読解力を強くする算数練習帳	佐藤恒雄
1841	難関入試　算数速攻術	中川　塁　松島りつこ=画
1851	チューリングの計算理論入門	高岡詠子
1870	知性を鍛える　大学の教養数学	佐藤恒雄
1880	非ユークリッド幾何の世界　新装版	寺阪英孝
1888	直感を裏切る数学	神永正博
1890	ようこそ「多変量解析」クラブへ	小野田博一
1893	逆問題の考え方	上村　豊
1897	算法勝負！「江戸の数学」に挑戦	山根誠司
1906	ロジックの世界	ダン・クライアン／シャロン・シュアティル／ビル・メイブリン=絵　田中一之=訳
1907	素数が奏でる物語	西来路文朗／清水健一
1911	超越数とはなにか	西岡久美子
1913	やじうま入試数学	金　重明
1917	群論入門	芳沢光雄